中里华奈的
迷人花草果实钩编

Lunarheavenly

［日］中里华奈　著

蒋幼幼　译

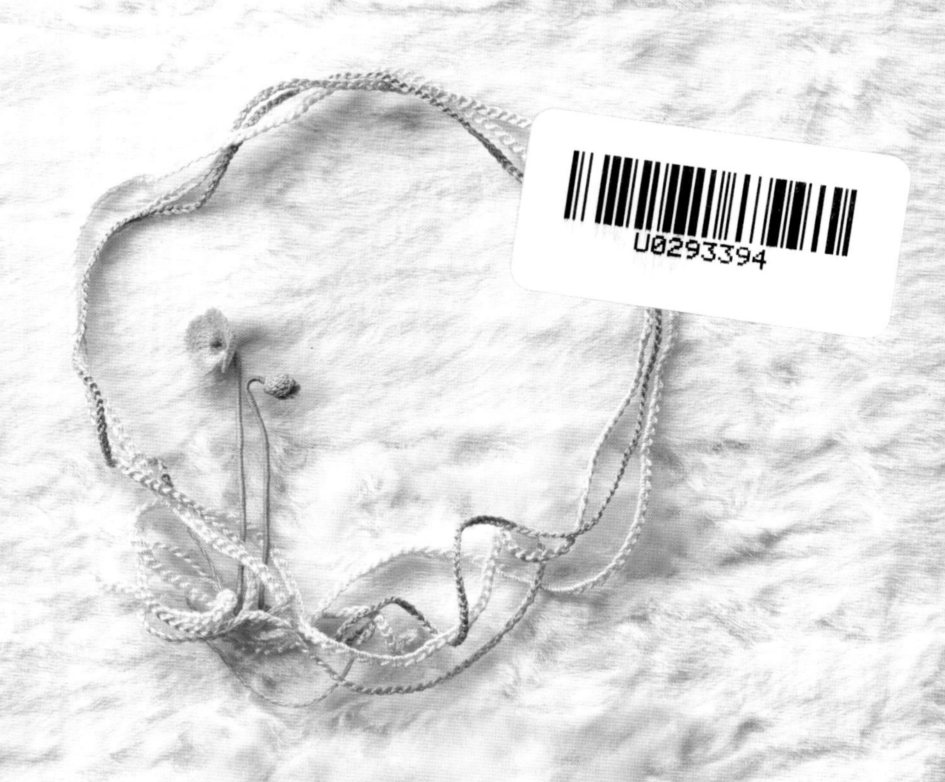

河南科学技术出版社

·郑州·

前言

自从开始钩织花朵，
我一直在想着如何才能将花草和果实表现得更加形象逼真。
花瓣和花蕾的形状、叶子和果实的生长形态、
花草亭亭玉立、花朵徐徐绽放的样子，以及成熟果实的饱满诱人……
看着漫山遍野盛开的花朵和累累硕果，
质朴明媚，天然去雕饰的美令人心动不已。

仔细观察，构思图解，再反反复复地试钩，
蕾丝线下逐渐开出一朵朵小花，结出一颗颗果实。
因此，对于我来说，所有的作品都是那么可爱迷人。

突发灵感试着扎成花束，花朵和果实相互映衬，
显得格外美丽，散发出别样的光彩。
将精心钩织的花朵和果实制作成独一无二的专属饰品，
或者制作成花束，作为礼物送给重要的他（她）……
纤细的蕾丝钩织出花草和果实的柔美姿态，
希望更多的朋友可以享受到其中的乐趣。

一拿起针线，内心自然就会平静下来。
这或许是因为“编织”的过程中全身心投入的缘故吧。
如果可以通过作品与大家分享静谧的点滴时光，
我将感到无比开心。

Lunasheavenly 中里华奈

目录

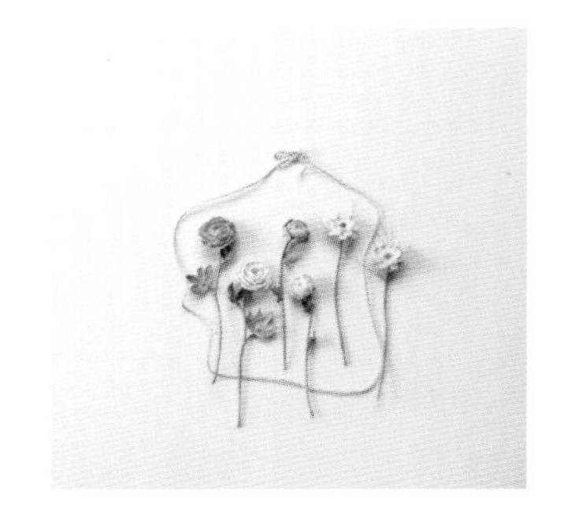

本书内容导航

关于材料

· 本书介绍的材料有时会因为制造商和销售商店的不同，名称也会有所不同。此外，关于材料的相关信息截至2018年10月。有些商品可能由于制造商的原因停止生产或废弃该型号，特此说明。

关于作品

· 有关工具和材料、基础针法符号，请参照p.22~25。
· 从作品的钩织方法到组合方法，在p.26~37的基础钩织方法中以桔梗、芍药和草莓为例进行了介绍。这些技巧同样可以应用到其他作品的制作中，请作为参考。
· 为了便于理解，除了基础钩织方法页面外，还有一部分步骤详解彩图中使用了与作品不同颜色的粗线。实际制作时，请使用80号白色蕾丝线。
· 作品配色表中的编号标注为p.23色谱中的编号。

关于饰品

· 介绍了胸针配件（一字胸针和别针）的安装方法，以及项链、花环头饰、戒枕的基础制作方法。可以选择自己喜欢的花草和果实进行自由创作。

小苍兰

从大到小排列整齐的花朵和花蕾娇俏可爱。连同球根一起制作，逼真得就像是植物标本。

制作方法 *p.38*

郁金香

在春日阳光的沐浴下，郁金香绽放出明丽的色彩。宽大的叶子加上自然的波浪曲线，简直可以以假乱真。

制作方法 *p.42*

春飞蓬

纤细如丝的花瓣实际上真的是用蕾丝线制作而成。鼓鼓的黄色花芯增添了柔美气息。

制作方法 *p.46*

罂粟花

4片花瓣在钩织时相互之间稍有重叠，呈现出立体的效果。
在人造仿真花蕊的周围粘贴玻璃微珠作为花粉。

制作方法 *p.44*

蓝莓

压弯了枝头的累累果实圆润润的，只需一圈圈环形钩织即可，出奇的简单。将果实染成紫色，看起来真是可口诱人！

制作方法 *p.51*

草莓

在初夏的日照下，
草莓盛开了可爱的小花，
结出了鲜红色的果实。
在草莓中塞入多余的线头，
使其饱满有型。

制作方法 *p.48*

金合欢

圆圆的小花紧紧地簇拥在枝头，十分可爱。
金合欢还被称为幸福的使者。
叶子有银绿色的羽状复叶和柳叶形两种。

制作方法 *p.57*

木兰花

淡粉色的花瓣相互叠合，清雅脱俗，
仿佛弥漫着早春的幽香。
这一枝木兰花完美再现了枝茎上突出的结节和曲折的姿态。

制作方法 *p.52*

花毛茛

花瓣层层重叠，花形丰满，富有层次感。
由于花朵看起来较重，将细长的花茎
上端稍稍折弯一点。

制作方法 *p.54*

芍药

大朵的芍药花端庄典雅，
在花束中无疑是其中的主角。
一层层地钩织花瓣，
栩栩如生的花朵逐渐呈现在眼前。

制作方法 *p.58*

黑种草

用蕾丝线制作的苞叶包围着花朵。
绿色的人造仿真花蕊和玻璃微珠
突显了花朵的灵动可爱。

制作方法 *p.60*

非洲菊

绚丽绽放的花朵洋溢着生机和活力。
单独一朵花就很别致，
也可以制作成迷人的小花束。

制作方法 *p.62*

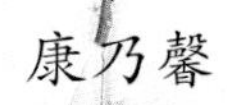

康乃馨

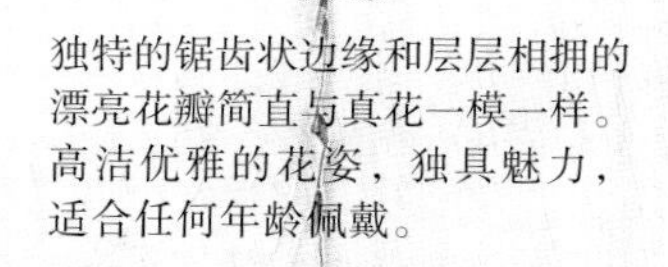

独特的锯齿状边缘和层层相拥的
漂亮花瓣简直与真花一模一样。
高洁优雅的花姿，独具魅力，
适合任何年龄佩戴。

制作方法 *p.63*

雏菊

鼓鼓的花芯加上舒展的花瓣
别有韵味，煞是可爱。
若是扎成花束，
又将绽放别样的风采。

制作方法 *p.64*

桔梗

钩织的要点在于改变针法，
将花瓣顶端钩得稍微尖一点。
人造仿真花蕊
使小花更显俏丽可爱。

制作方法 *p.67*

牵牛花

花朵钩织完成后喷上定型喷雾剂，
用镊子调整花形，使其呈现波浪状。
再在花艺铁丝上缠线制作藤蔓。

制作方法 *p.65*

法兰绒花

法兰绒花作为香草类花材也极受欢迎。
用白色线表现出花朵柔软细腻的质感，
仿佛一接触便有种瞬间被治愈的感觉。

制作方法 *p.66*

尤加利、薄荷、鼠尾草

这些是花束作品中必不可少的
香草类绿色枝叶。
不仅可以衬托花朵，
单独成束也十分雅致。

制作方法　尤加利、薄荷　*p.68*
制作方法　鼠尾草　*p.61*

槲寄生

枝条分杈处结出的果实泛着
水润的光泽。
据说槲寄生可以带来幸福，
是圣诞节必备的装饰品。

制作方法　*p.70*

金丝桃

茎长而直立，顶端结出的红色
果实颗粒饱满。在花束作品中，
金丝桃既可以作为主角，
也可以用作对比色加以点缀。

制作方法　*p.69*

花楸

雪白的花朵和鲜红的果实
令人过目难忘。
在花芯上点缀一些玻璃微珠，
在木珠上缠绕刺绣线制作成果实。

制作方法 *p.72*

小苍兰一字胸针

或者用作固定丝巾的胸花，
或者别在帽子上，
黄色的花朵充满朝气。

制作方法 *p.75*

木兰花胸针

洁白的木兰花加上偏褐色的叶子
和枝茎，制作成的胸针显得格外
清新素雅。

芍药、郁金香、花楸组成的花束胸针

以芍药为主角，加上可爱的郁金香和花楸扎成一束，洋溢着浓浓的初夏气息。

制作方法 *p.76*

法兰绒花的花蕾、金合欢、香草枝叶组成的花束胸针

后面的香草枝叶将小巧玲珑的花朵衬托得格外精美。也可以将其别在天然麻布材质的包包上。

法兰绒花、黑种草、花毛莨组成的花束胸针

蓝色系的花朵使整个花束显得清新明快。别在白色衬衫上，更显清爽整洁。

非洲菊花束胸针

将3种颜色的非洲菊扎成一束，可以装饰在手提包、零钱包或帽子上。也不妨按自己的喜好给花朵上色。

蓝莓、草莓、薄荷组成的项链

以草莓果实的红色为对比色，将绿色和蓝色作为主打颜色。这款项链非常适合参加派对时佩戴。

制作方法 p.77

花毛茛、法兰绒花、郁金香、金合欢组成的项链

淡雅的色调给人清新柔美的感觉。这款项链可以搭配设计简约的连衣裙。

花环头饰

法兰绒花、郁金香、芍药、花楸……将少女时代喜爱的花花草草布满整个花环。

制作方法 *p.78*

戒枕

仿佛满园的鲜花都在祝福新人永远相亲相爱。小叶片的戒指托设计尽显浪漫气氛。

制作方法 *p.79*

基本工具和材料

下面介绍制作作品时需要的工具和一些方便使用的辅助工具。
基本材料包括蕾丝线和染料，以及制作饰品时用到的辅料和配件等。

1 调色盘、画笔
使用0号画笔和用起来方便顺手的调色盘。

2 小碟子、吸管
钩织好的花片在上色前先放在小碟子里浸湿。需要稀释染料时请使用吸管。

3 剪钳、钳子
组合饰品时使用的工具。准备圆嘴钳和平嘴钳两种钳子，使用起来会更加方便。

4 镊子
分尖头和圆头两种。尖头的镊子用于将叶子和花朵的顶端夹得尖尖的。圆头的镊子用于调整花片的形状，代替烫花器压出弧度。

5 尺子
用于测量花草各部分和作品的整体尺寸。方格直尺使用更为方便。

6 蕾丝钩针
使用14号蕾丝钩针。

7 锥子
针目太小很难插入蕾丝钩针等情况下，可以用锥子将针目戳大一点。

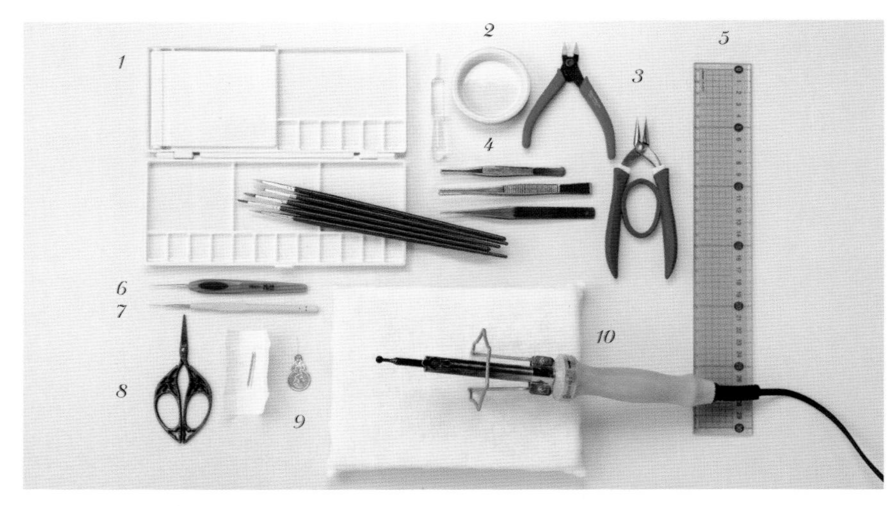

8 剪刀
用于剪断线和花艺铁丝。

9 手缝针、穿针器
用于钩织结束时花片线头的处理等。如果有穿针器会更加方便。

10 烫花器、烫花垫
在烫花器上插入铃兰镘烫头可以将钩织好的花瓣烫出弧度。如果没有烫花器，也可以用镊子或指尖进行按压做造型。

1 花艺铁丝
除特别指定外均使用35号的白色纸包铁丝（上），下方是26号。花楸的果实中使用的是没有包层处理的裸铁丝（直径0.2mm，右）。

2 麻绳
用于绑扎花束。比较常用的直径为0.3mm，也可按个人喜好选择不同粗细的麻绳。

3 双面胶
用于花束作品中将花茎粘成一束。

4 项链配件
链子、弹簧圆扣、调节链和小圆环等。

5 别针
根据具体的作品选择别针的尺寸和材质。

6 人造仿真花蕊
本书中使用的是蕊头直径为1~2mm的白色或黄色仿真花蕊。有的作品需要用染料上色。

7 蕾丝线
使用DMC的CORDONNET SPECIAL 80号BLANC（白色）蕾丝线。

8 定型喷雾剂
用于塑形，使钩织的花片保持弧度或波浪状。

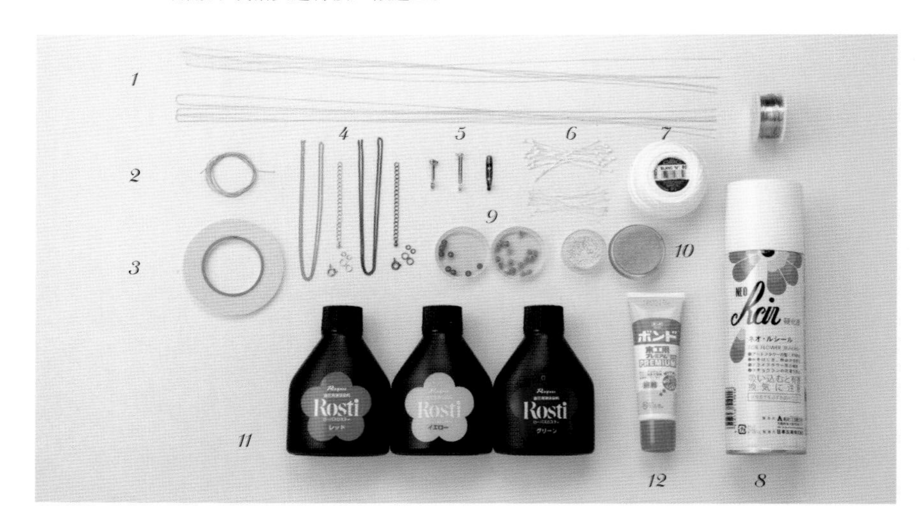

9 串珠
将红色的水晶珠（左）直接用作槲寄生的果实，木珠（右）用来制作花楸的果实。

10 玻璃微珠
作为美甲饰品，颜色丰富齐全。本书中用在花芯位置。

11 人造花专用染料
用于给钩织的花朵和叶子等上色，主要使用诚和（SEIWA）株式会社的Roapas Rosti染料。

12 黏合剂
在花艺铁丝上缠绕蕾丝线以及处理枝茎的末端时都会用到黏合剂。

色谱和上色要领

下图是作品中使用的配色编号、颜色名和染料颜色名。
需要调配2种以上染料时，按用量多少顺序标记。

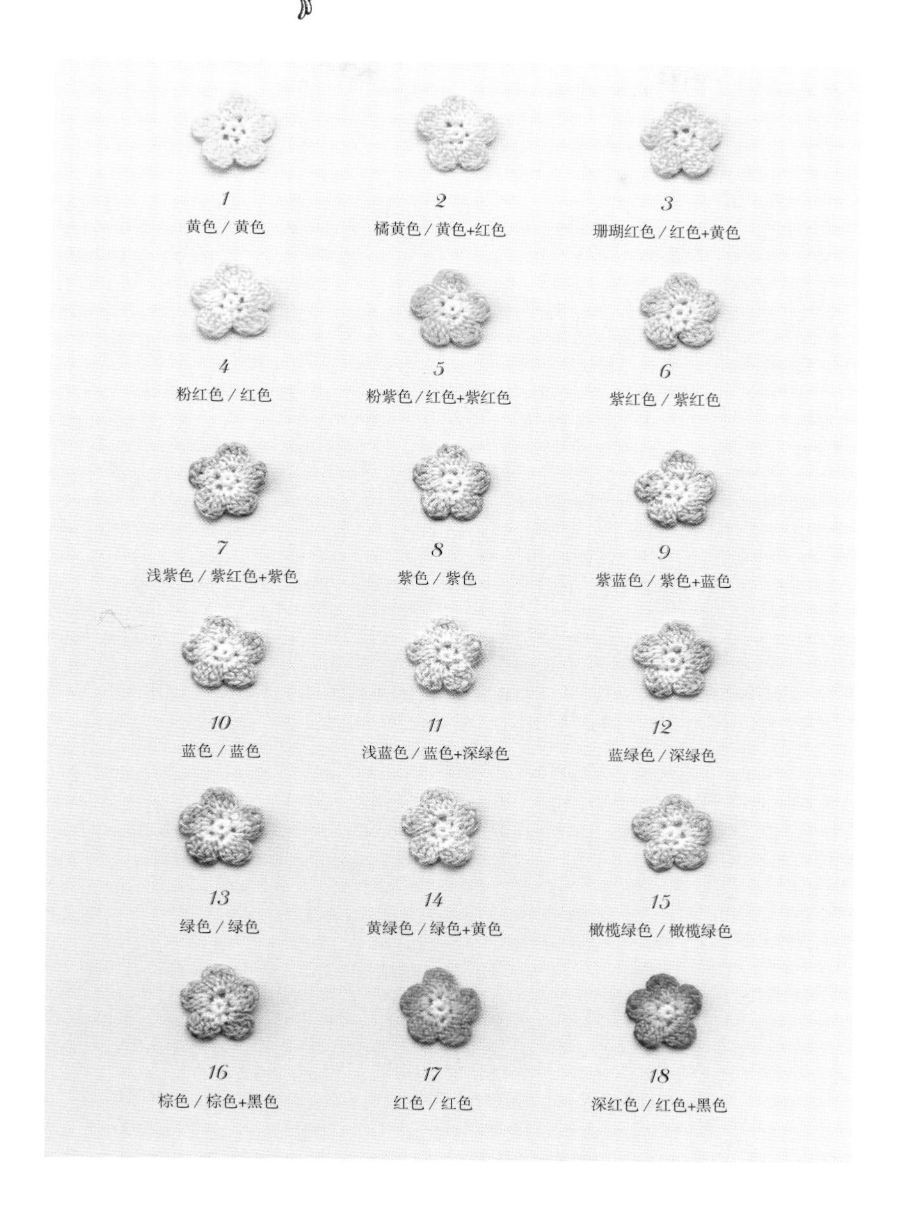

上色要领

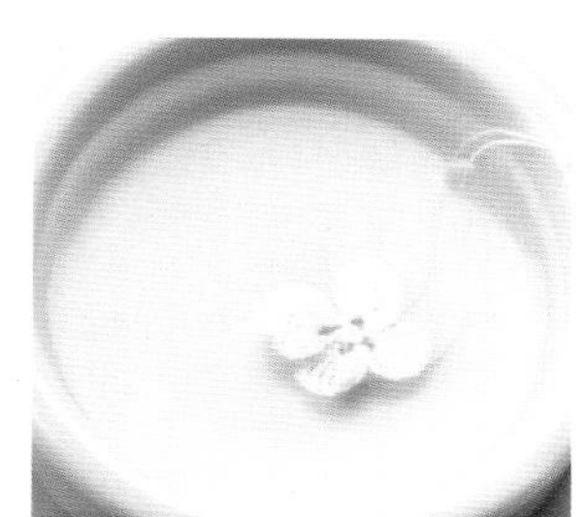

1 上色前，将钩织的花片浸入水中。

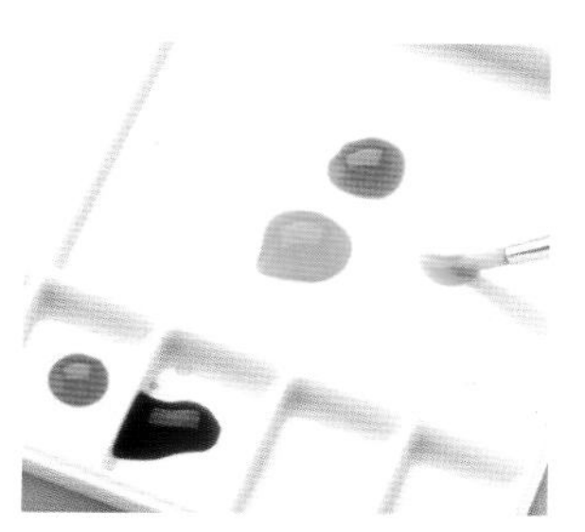

2 使用多种颜色时，先将每种颜色分别稀释后再进行混合调色。

3 吸掉多余的水分后将花片放在纸巾上，从外侧开始上色。

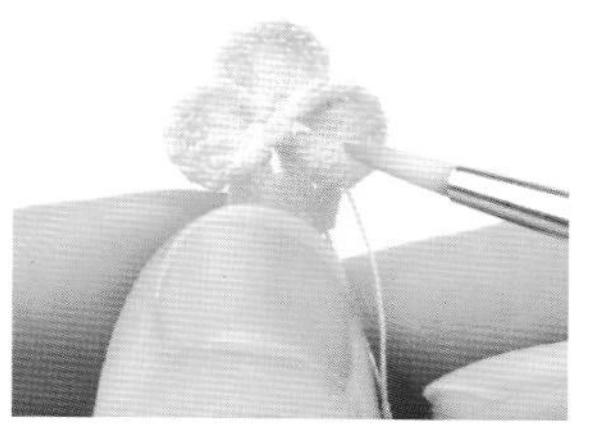

4 如果还要在花芯等部位涂上别的颜色，需将花片放置1小时左右，晾干后再继续上色。

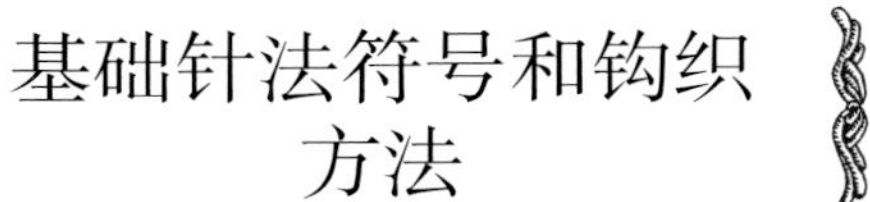

基础针法符号和钩织方法

以下是钩织作品时用到的针法符号以及钩织方法。

×= 短针

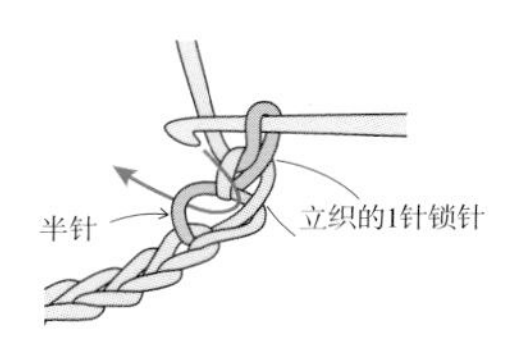

1 立织1针锁针。
※此针不计入针数。

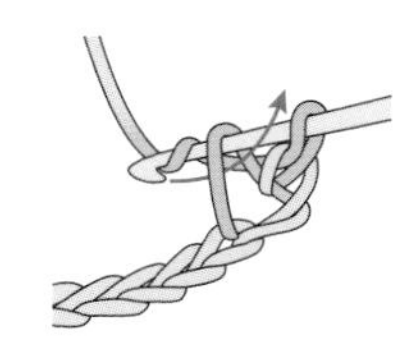

2 在第1针的半针里插入钩针，针头挂线后拉出。

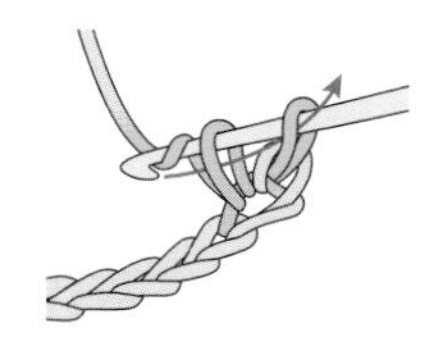

3 针头再次挂线，朝箭头方向拉出。

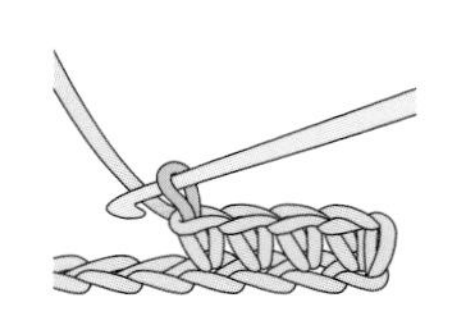

4 重复2~3。

×= 短针的条纹针

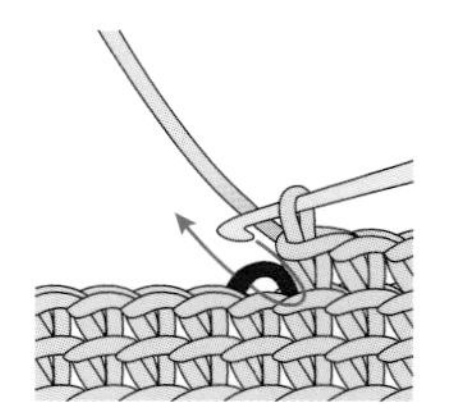

钩织条纹针时，不要在前一行针目的头部2根线里挑针，而是仅在后面的1根线里插入钩针钩短针。

T= 中长针

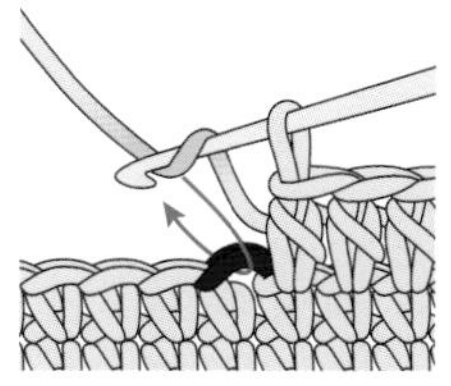

1 针头挂线，在前一行针目的头部2根线里插入钩针。

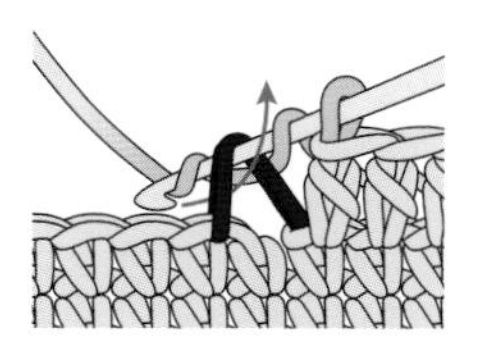

2 针头挂线，朝箭头方向拉出。

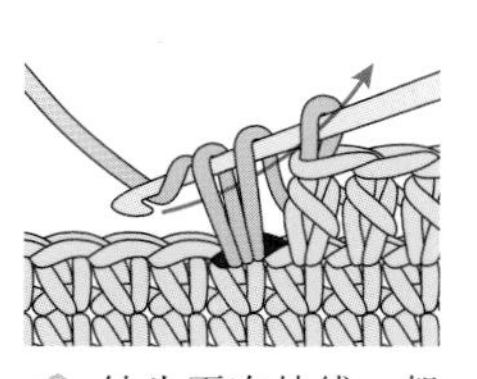

3 针头再次挂线，朝箭头方向拉出。

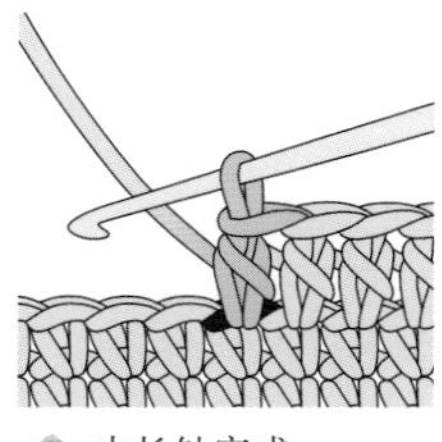

4 中长针完成。

长针

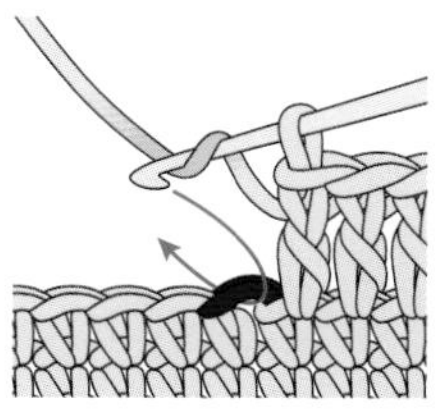

1 针头挂线，在前一行针目的头部2根线里插入钩针。

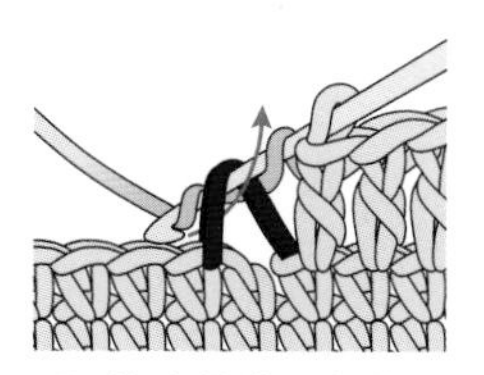

2 针头挂线，朝箭头方向拉出。

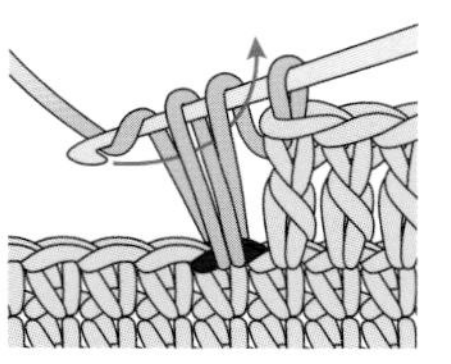

3 针头再次挂线，引拔穿过左边的2个线圈。

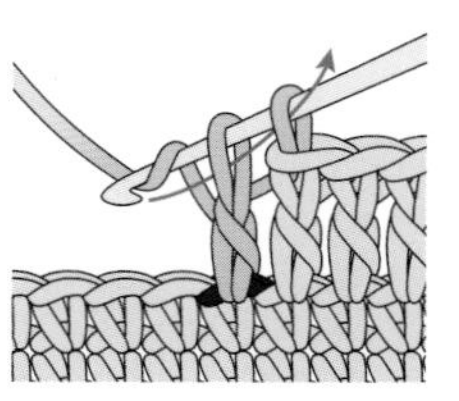

4 针头再次挂线，引拔穿过剩下的2个线圈。

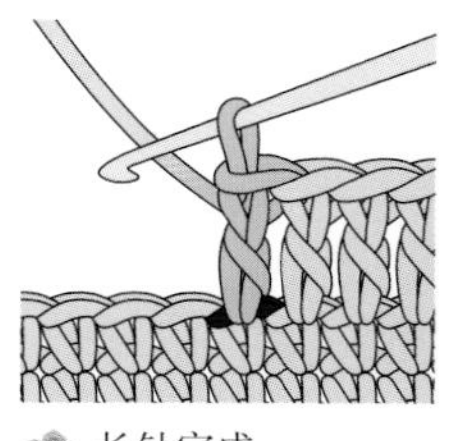

5 长针完成。

长长针

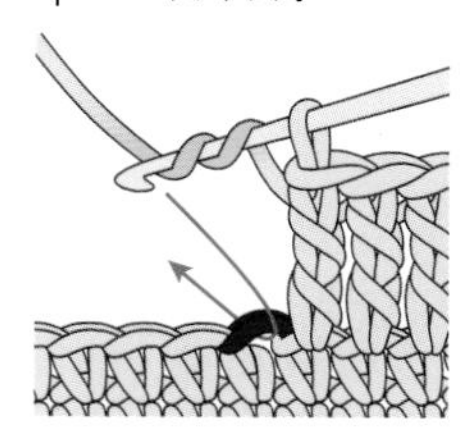

1 在针头绕2圈线，在前一行针目的头部2根线里插入钩针。

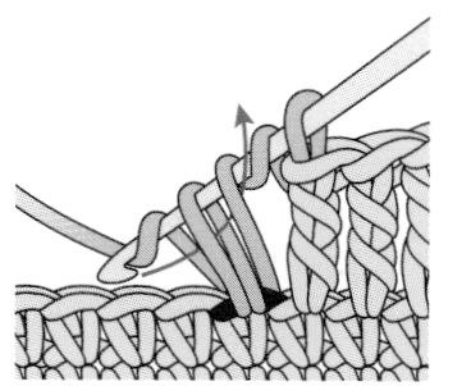

2 针头挂线后朝箭头方向拉出。针头再次挂线，朝箭头方向拉出。

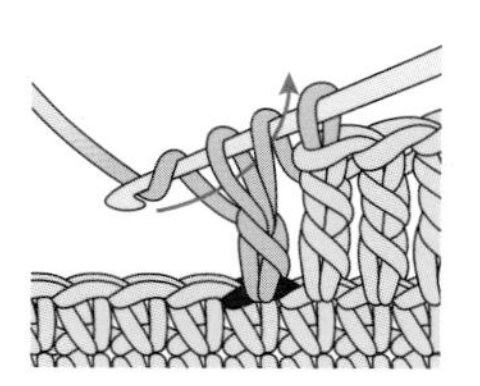

3 针头再次挂线，朝箭头方向引拔穿过2个线圈。

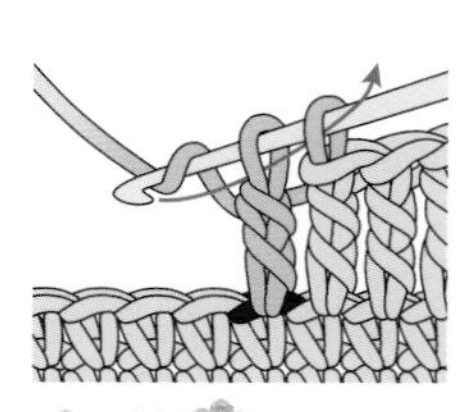

4 重复3。

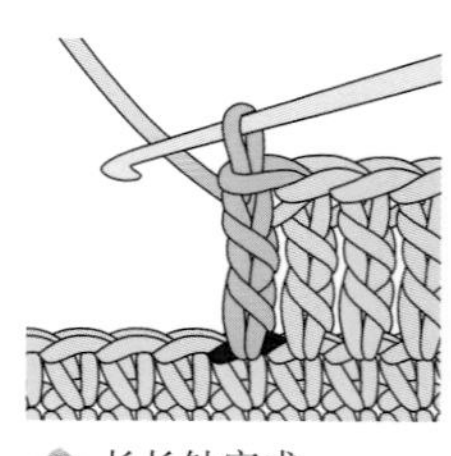

5 长长针完成。

= 3卷长针

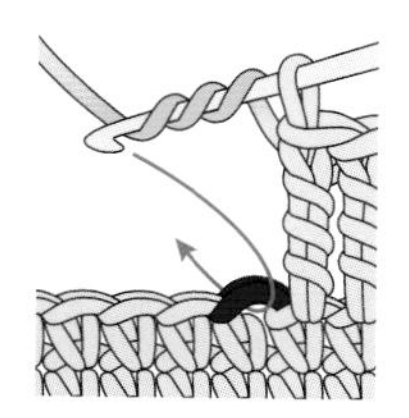
1 在针头绕3圈线，在前一行针目的头部2根线里插入钩针。

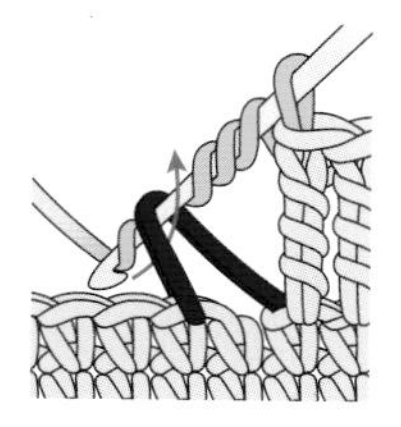
2 针头挂线，朝箭头方向拉出。

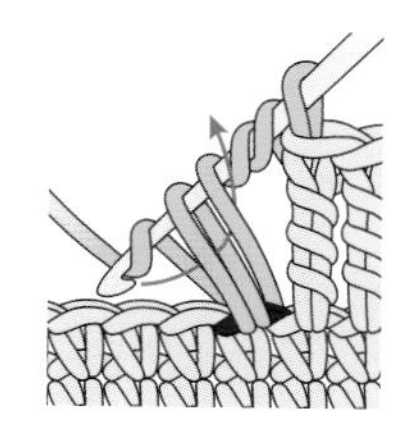
3 针头再次挂线，朝箭头方向拉出。

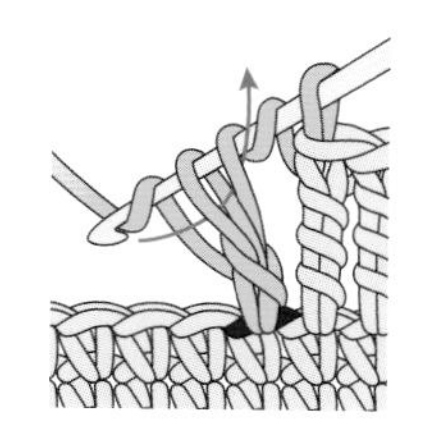
4 重复3。

5 再重复2次3。

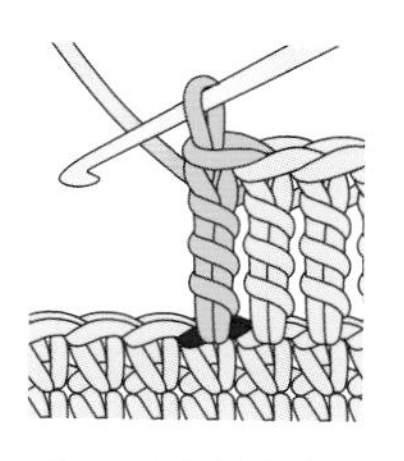
6 3卷长针完成。

= 2针短针并1针

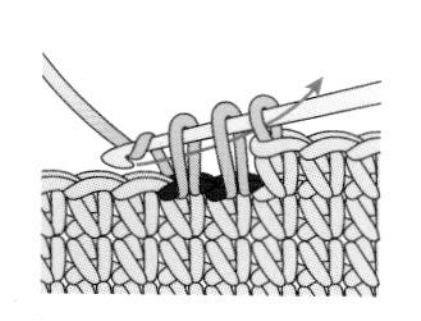
1 在前一行针目的头部2根线里插入钩针后挂线拉出，再在下一个针目里插入钩针后挂线拉出。

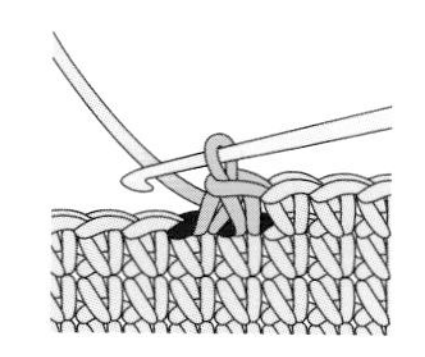
2 针头再次挂线，一次引拔穿过钩针上的所有线圈。

= 1针放2针短针

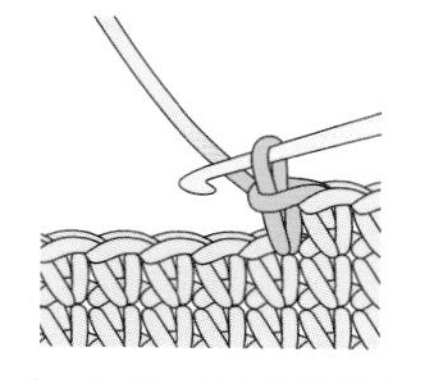
1 在前一行针目的头部2根线里插入钩针，钩1针短针。

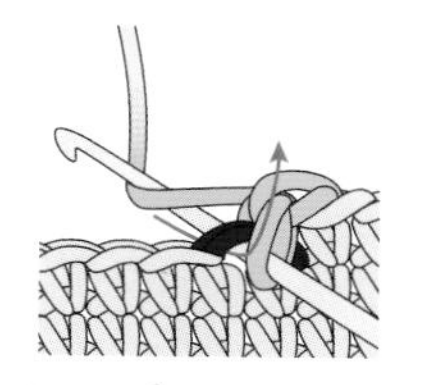
2 在1同一个针目的头部插入钩针，再钩1针短针。

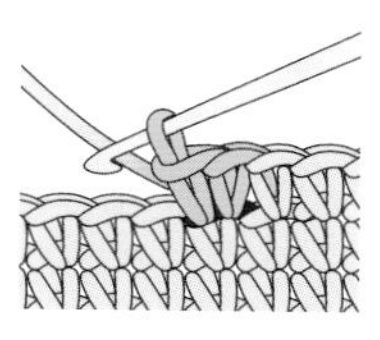
3 1针放2针短针完成。

= 1针放2针长针

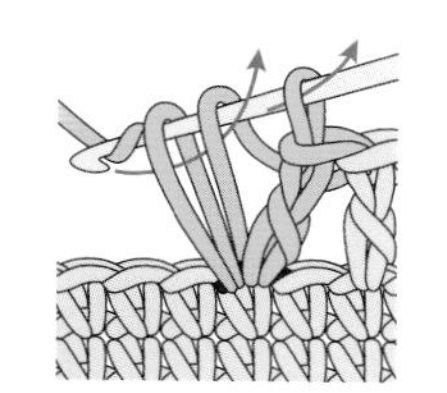
1 在前一行同一个针目里钩2针长针。

2 1针放2针长针完成。

= 1针放2针长长针

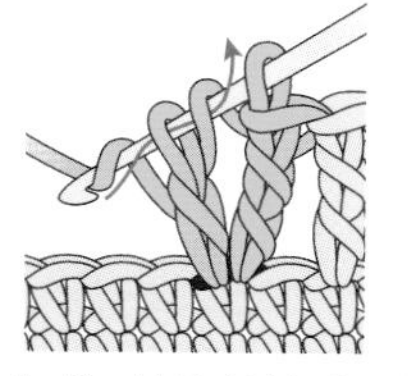
1 钩1针长长针后，接着在同一个针目里插入钩针，再钩1针长长针。

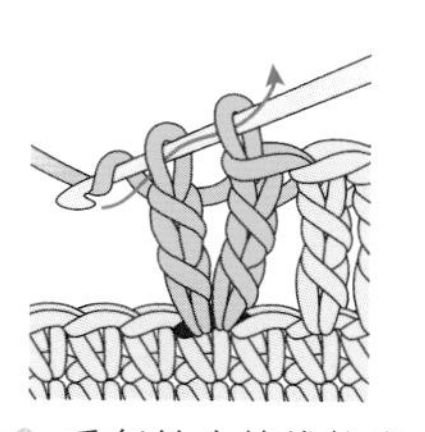
2 重复针头挂线拉出的动作。

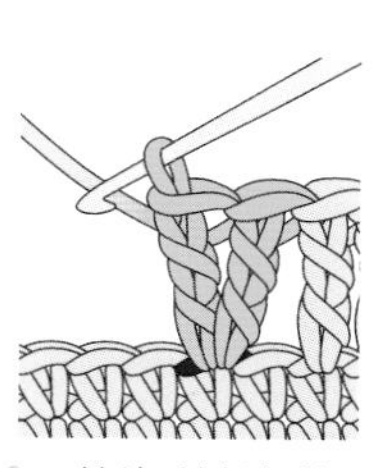
3 1针放2针长长针完成。

= 引拔针

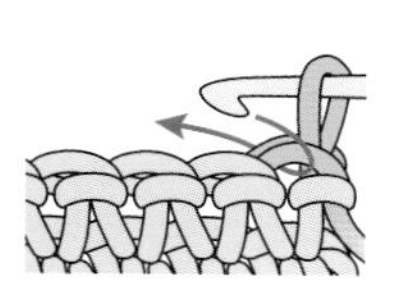
1 无须立织锁针，在前一行针目的头部2根线里插入钩针。

2 针头挂线，如箭头所示拉出。

= 1针锁针的狗牙针

1 钩1针锁针，如箭头所示在下方针目的头部半针和根部左端的线里插入钩针。

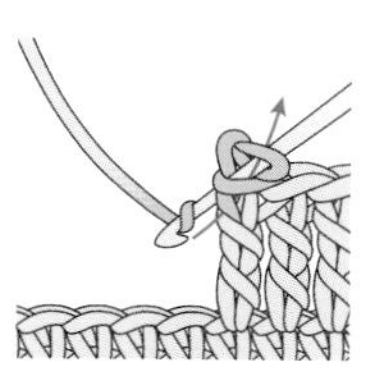
2 针头挂线后拉出。

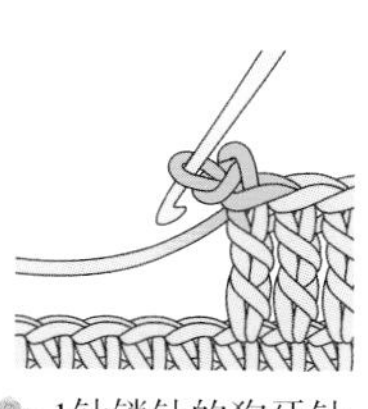
3 1针锁针的狗牙针完成。

= 锁针

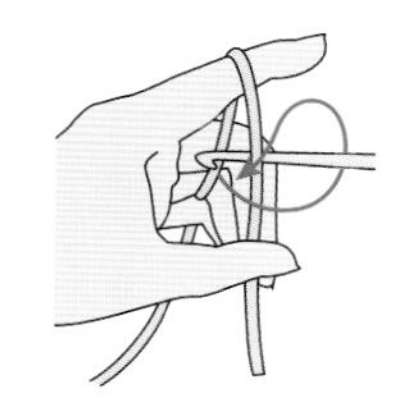
1 如箭头所示转动钩针挂线。

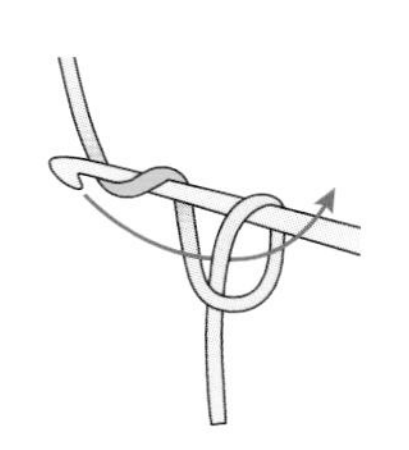
2 针头挂线，如箭头所示拉出。

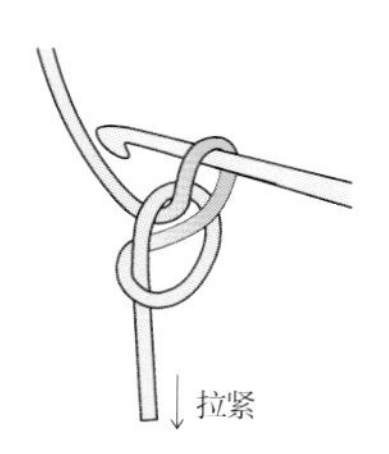

3 拉动线头调整线圈的大小。

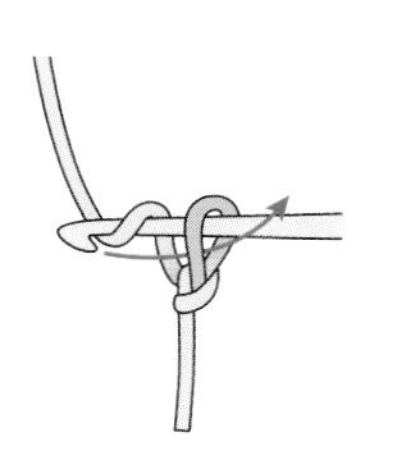
4 针头挂线后拉出。此为第1针。

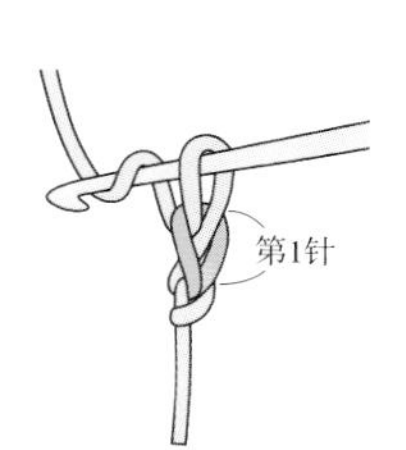

5 重复4，钩织指定的针数。

基础钩织方法

下面是很多作品中通用的基础钩织方法。以桔梗、芍药、草莓等为例，为大家介绍的这些钩织方法也可以应用在其他作品中，制作时请作为参考。

单瓣花（桔梗）

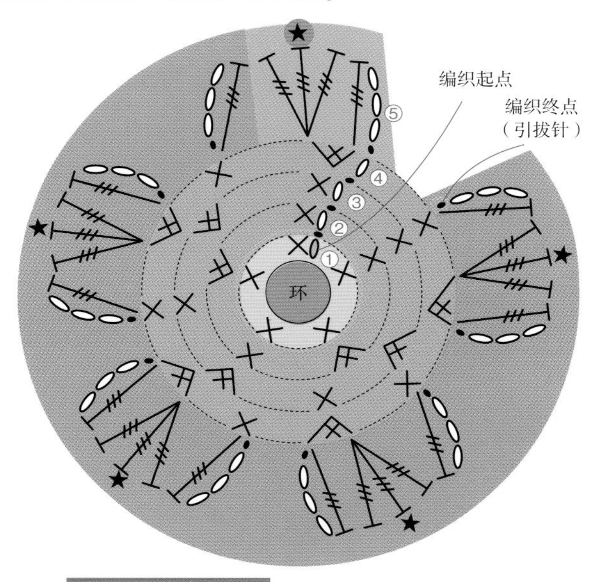

桔梗花的编织图解

●第1~4圈的针数表

圈数	针数	加、减针的方法
4	15	加5针
3	10	加3针
2	7	加2针
1	5	在线环中钩入5针

1.钩织花朵的中心

这是环形起针后开始钩织的方法，一边加针一边环形钩织。

a 制作线环

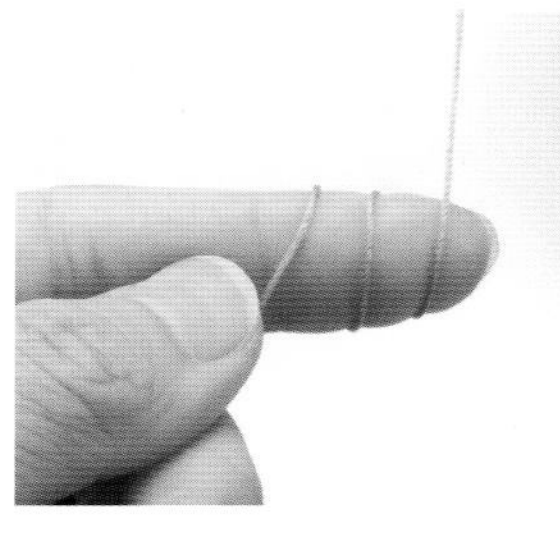

1 在左手食指的指尖绕2圈线。

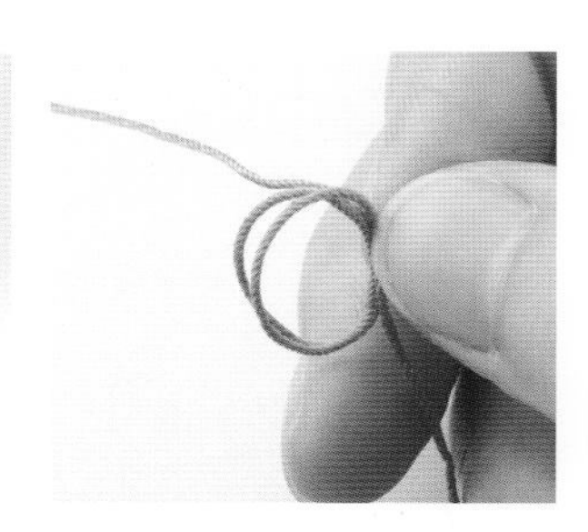

2 取下线环，用右手捏住交叉的位置。

b 立织1针锁针

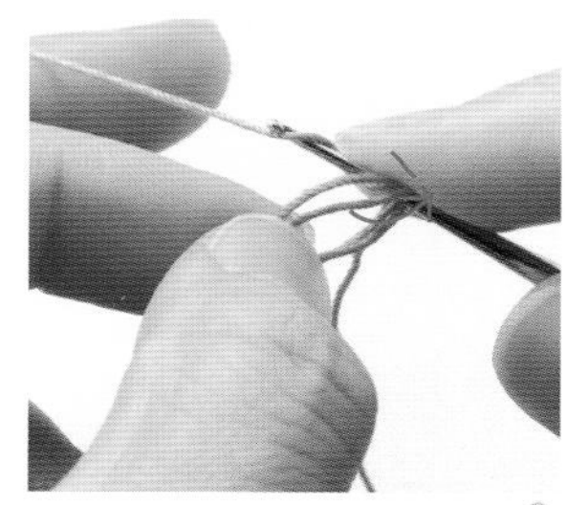

3 将线挂在左手上，捏住 2 的线环，右手拿钩针。在线环中插入针头挂线。

4 将线拉出至前面。

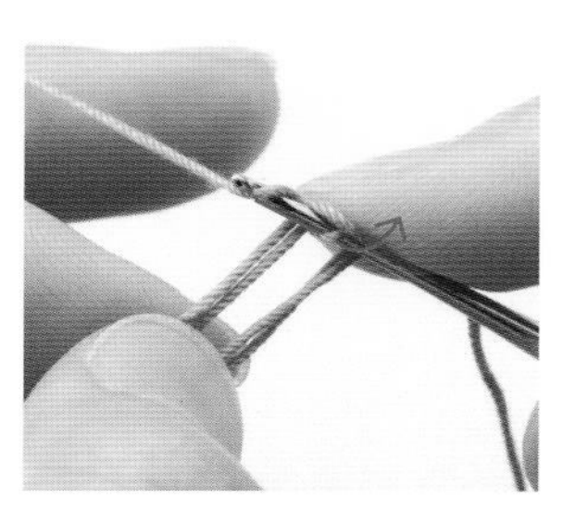

5 从线环的外侧在针头挂线。

6 引拔穿过钩针上的线圈。

7 针头再次挂线拉出。

8 这就是立织的1针锁针。

c 钩织第1圈短针

9 在线环中钩入5针短针（→p.24）。

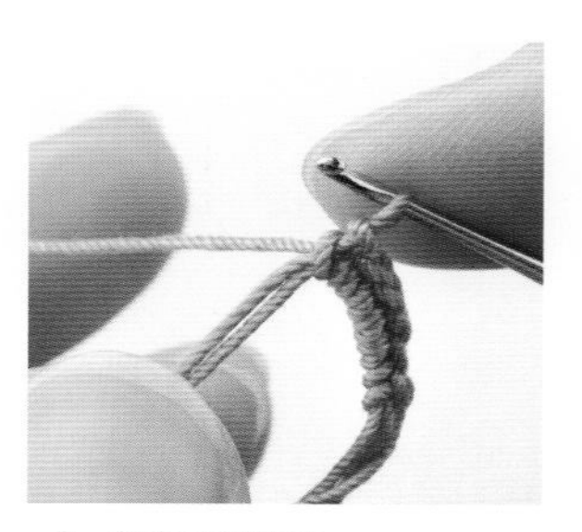

10 完成后的状态。

d 收紧线环

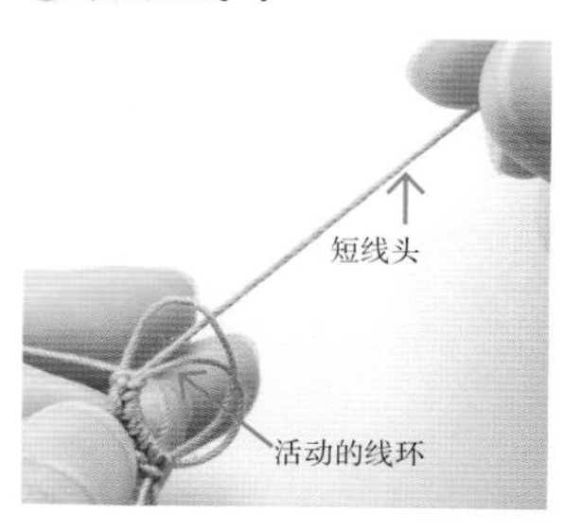

11 暂时取下钩针，轻轻拉动短线头，确认重叠的线环中哪根线在活动。

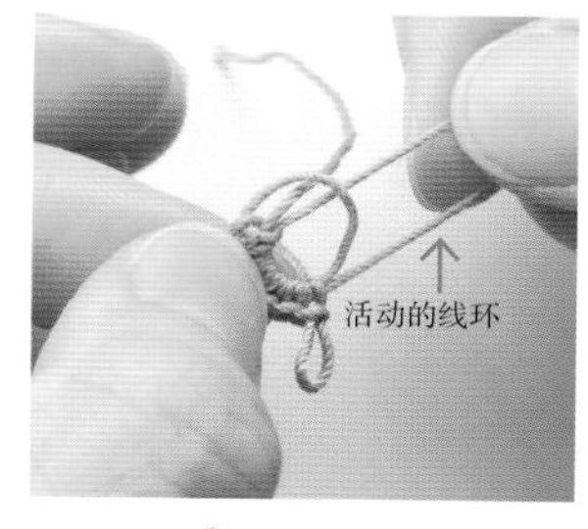

12 拉动 11 中活动的那根线，缩小线环。

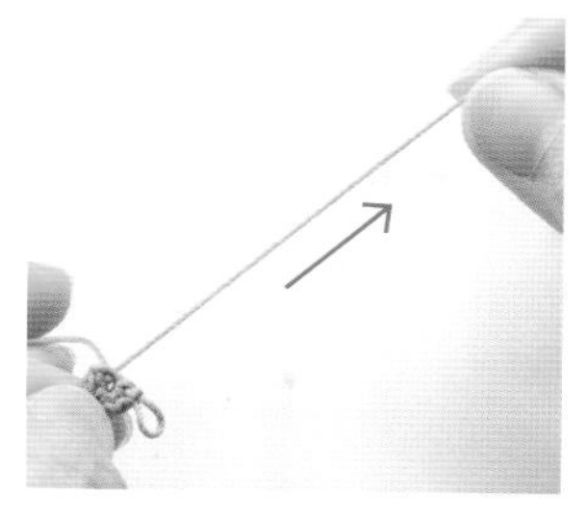

13 用力拉紧。

e 钩引拔针

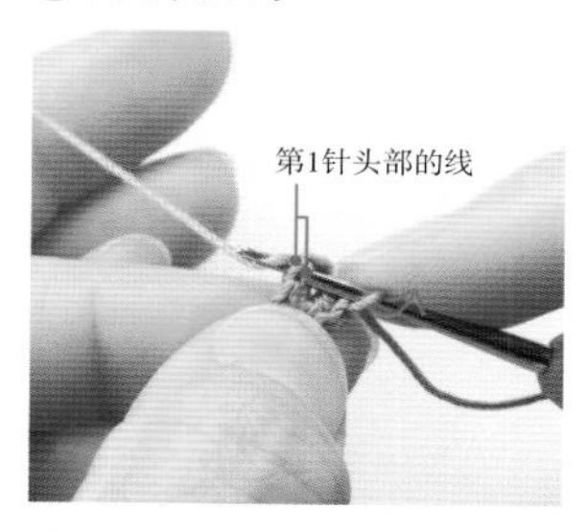

14 在第1圈最后的针目里再次插入钩针，然后在第1针头部的2根线里插入钩针，针头挂线引拔。

15 第1圈完成后的状态。

f 钩织第2~4圈

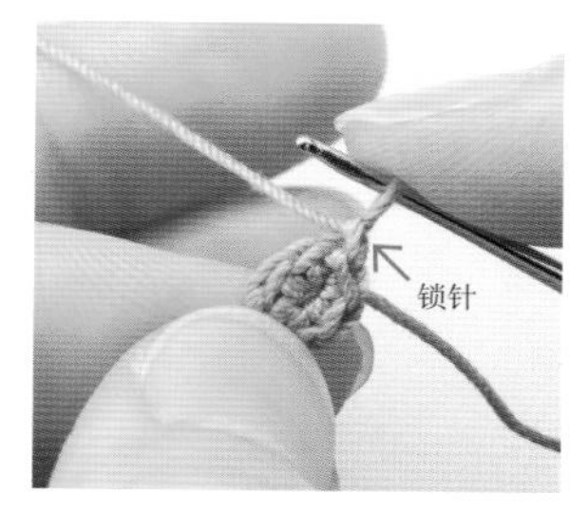

16 钩1针锁针。

17 在前一圈第1个针目的头部插入钩针，钩1针短针（→p.24）。

18 在第2个针目里钩1针放2针短针（→p.25）完成后的状态。

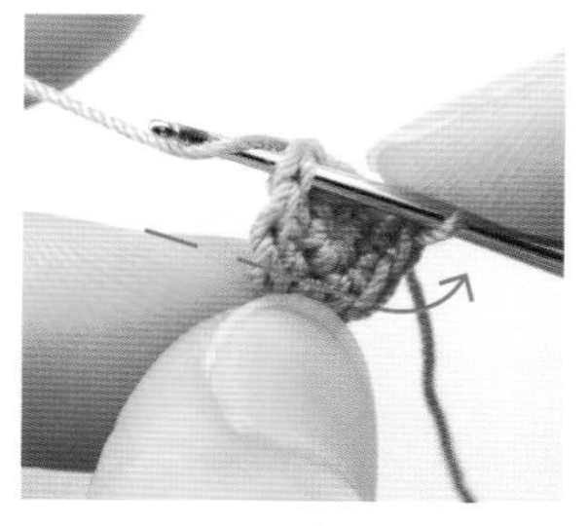

19 重复 17 、18 钩织第2圈，最后一针完成后，在最初的针目里插入钩针钩引拔针。

20 第2圈完成。

21 参照图解，一边钩“1针放2针短针”的加针，一边钩织至第4圈。

2.钩织花瓣

钩3卷长针时稍稍改变钩织方法（★），可以钩织出尖头花瓣的效果。

g 一边钩3卷长针，一边钩织第5圈

1 第5圈首先立织3针锁针。

2 第1针钩3卷长针（→p.25）。

3 在第2个针目里钩入2针3卷长针。

h 钩织★

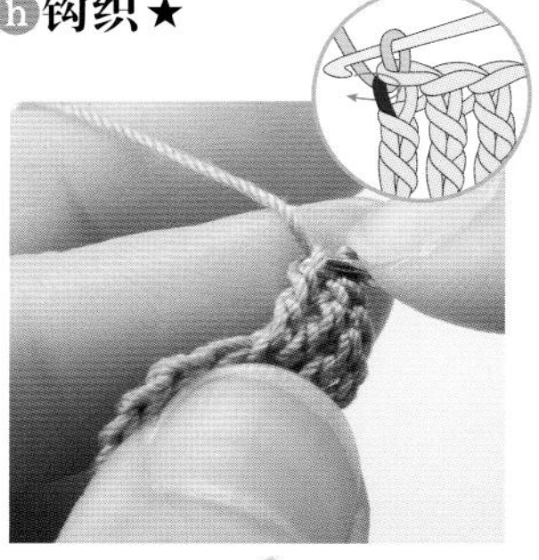

4 钩织★。在3中第2针3卷长针根部左端的1根线里（参照图示）插入钩针。

5 针头挂线后引拔。

6 ★完成。

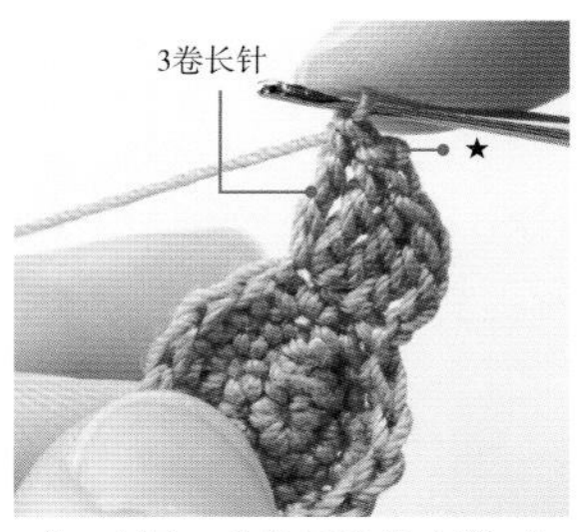

7 在同一个针目里钩入第3个3卷长针。

i 钩织5片花瓣

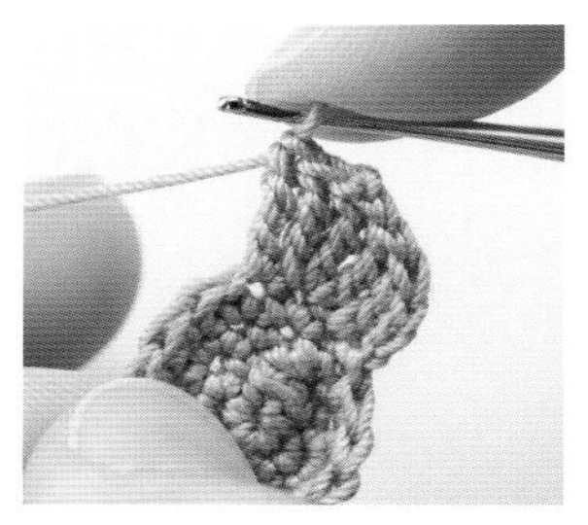

8 接着在前一圈第3个针目里钩3卷长针。

9 然后钩3针锁针。

10 在8的3卷长针同一个针目里插入钩针。

11 针头挂线后引拔。

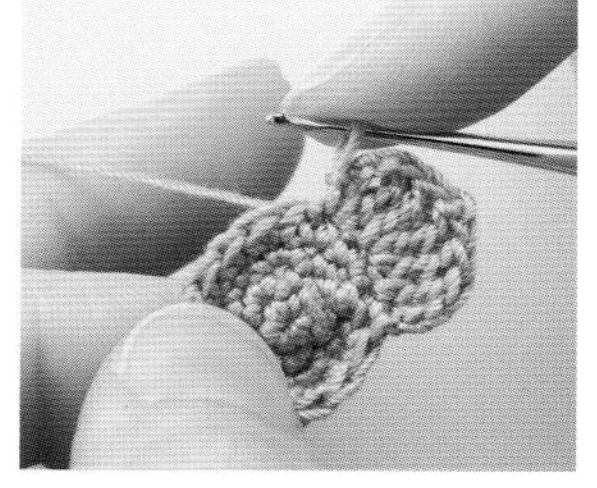

12 第1片花瓣完成。在下一个针目的头部挑针引拔。

13 重复1～12，一共钩织5片花瓣。

j 第5圈完成后做线头处理

14 在最后一个针目的头部再次插入钩针。

15 针头挂线后引拔。

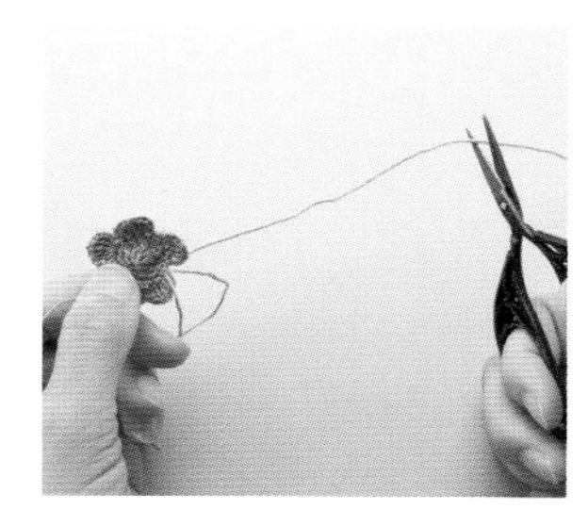

16 留出15cm左右的线头后剪断，将线头穿入手缝针。

17 将编织终点的线头穿至花朵的反面。

18 在反面将线头穿入2~3个针目，重复2次后紧贴着针脚将线剪断。

19 编织起点的线头也按18相同要领处理，紧贴着针脚将线剪断。至此，桔梗的花朵钩织完成。

重瓣花（芍药）

●第1~6圈的针数表

圈数	针数	加、减针的方法
6	25	无须加、减针
5	25	加5针
4	20	加5针
3	15	加5针
2	10	加5针
1	5	在线环中钩入5针

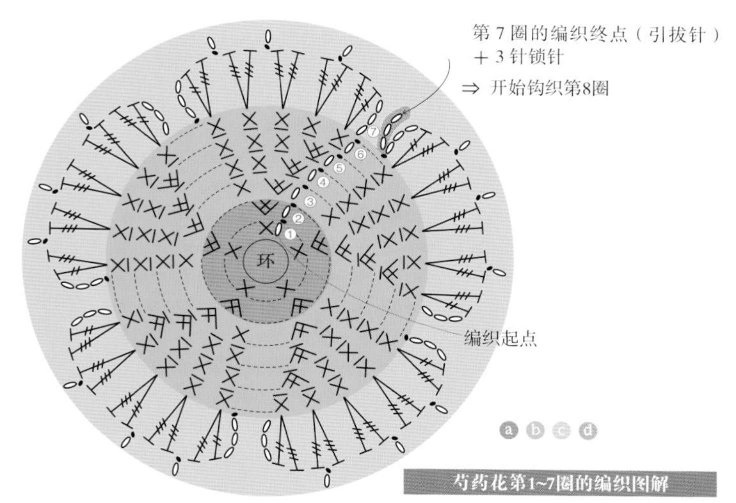

芍药花第1~7圈的编织图解

a 第1圈钩入5针短针

1.钩织花朵的中心

按环形起针后开始钩织的方法，一边加针一边环形钩织。

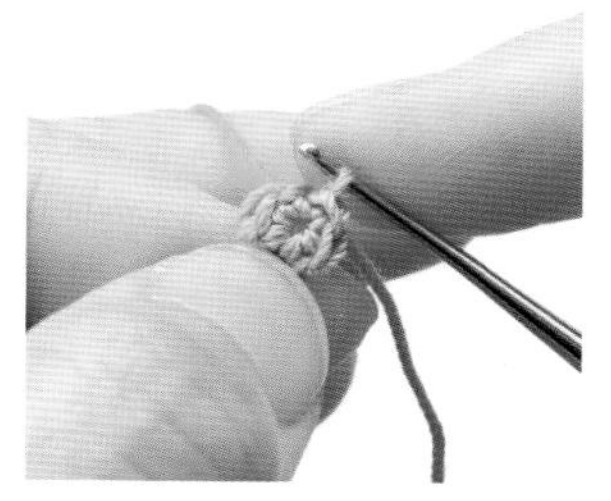

1 环形起针，钩入5针短针后收紧中心（→p.26、27 1 ~ 13）。

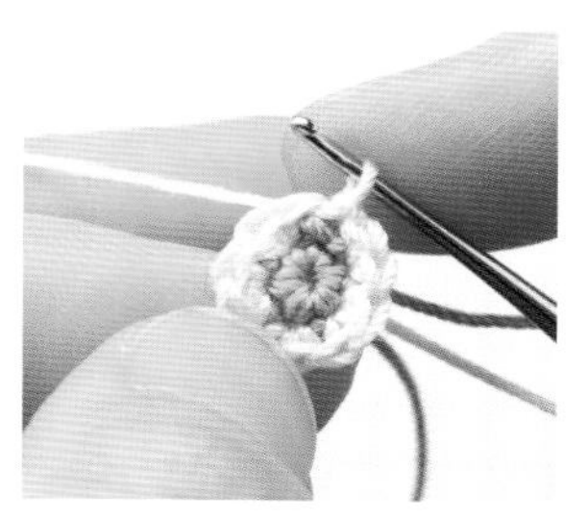

2 第2圈重复钩“1针放2针短针”，一共加5针。

b 一边加针一边钩织第3~5圈，第6圈无须加、减针

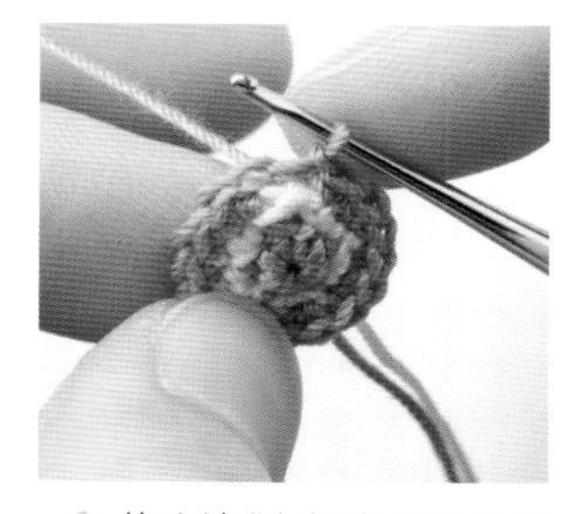

3 第3圈每隔1针钩“1针放2针短针”，一共加5针。

4 从第4圈开始钩织短针的条纹针（→p.24），在前一圈针目头部的后面半针里挑针钩织。

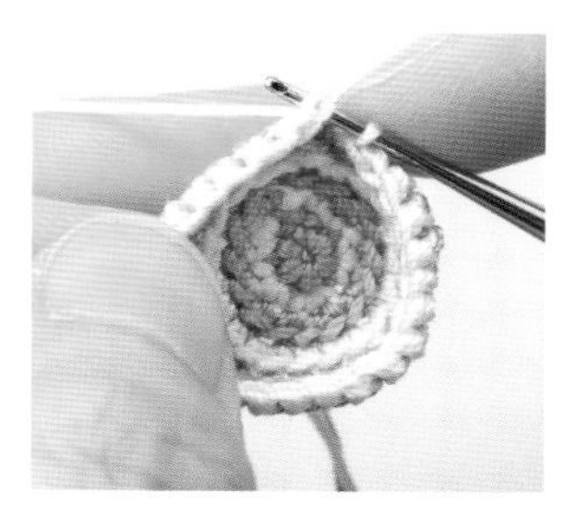

5 按短针的条纹针钩织至第6圈后的状态。结束时在最初的针目里钩引拔针。

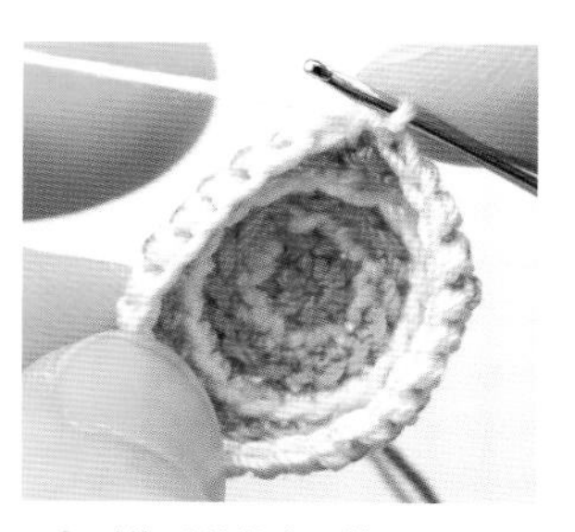

6 引拔后的状态。第6圈完成。

2.钩织花瓣

一边重复钩“1针放2针的3卷长针”，一边在花瓣的边缘钩入1针锁针的狗牙针。

c 一边钩织第7圈，一边加入1针锁针的狗牙针

1 第7圈首先钩3针锁针。

2 钩1针长长针，在同一个针目里钩入3卷长针。

3 接着在下一个针目里钩3卷长针，此处钩1针锁针。

4 在3卷长针的头部半针和根部左端的线里插入钩针（→p.25）。

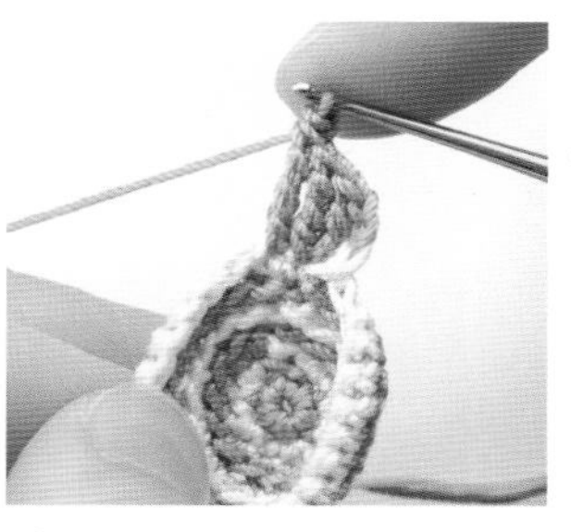

5 针头挂线后引拔。1针锁针的狗牙针完成。

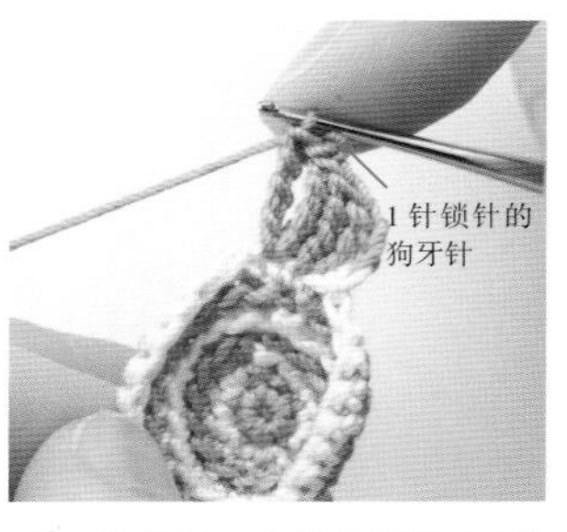

6 再在同一个针目里钩入3卷长针。

7 接着重复钩“1针放2针的3卷长针、1针锁针的狗牙针”，第10针钩长长针。

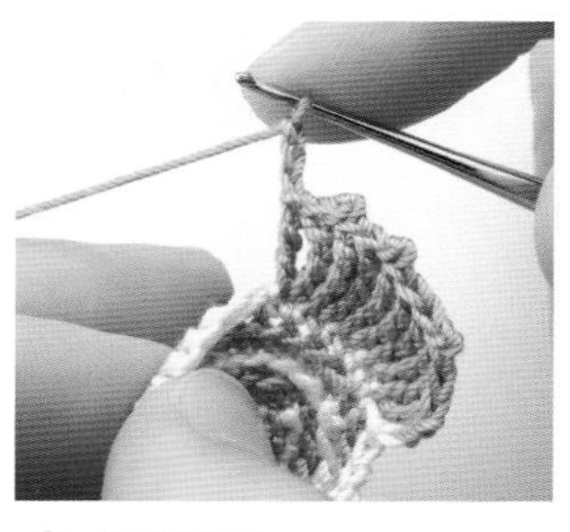

8 钩3针锁针。

9 在 7 同一个针目里插入钩针，针头挂线。

10 引拔。1片花瓣完成。

11 重复 1 ~ 10 ，一共钩织5片花瓣。

芍药花第8圈的编织图解

第 8 圈的编织终点（引拔针）
＋ 3 针锁针
⇒ 开始钩织第 9 圈

环

d e

省略第6~7圈

d 钩织第8圈

12 钩3针锁针。

13 在前一圈花瓣的中间位置即第5圈的前侧半针里插入钩针。

14 针头挂线后引拔。

15 钩3针锁针，在同一个针目里钩入长长针。

16 一边在3卷长针上钩入1针锁针的狗牙针，一边钩织花瓣。

17 第8圈完成。

芍药花第9圈的编织图解

第 9 圈的编织终点（引拔针）
＋ 3 针锁针
⇒ 开始钩织第 10 圈

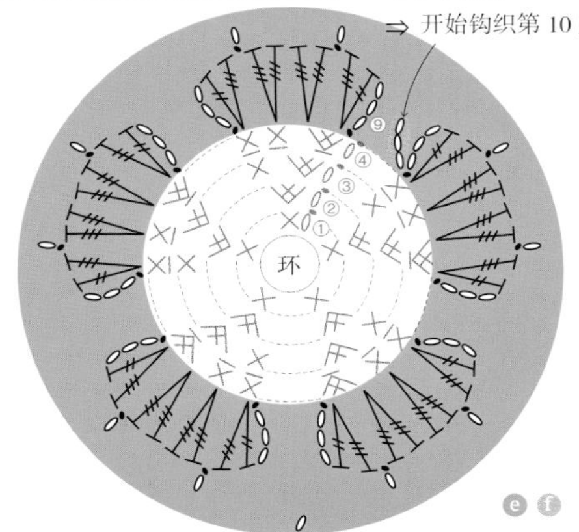

省略第5~8圈

e 钩织第9圈

18 钩3针锁针。

19 在前一圈花瓣的中间位置即第4圈的前面半针里插入钩针。

20 针头挂线后引拔。

21 钩3针锁针，在同一个针目里钩入长长针。

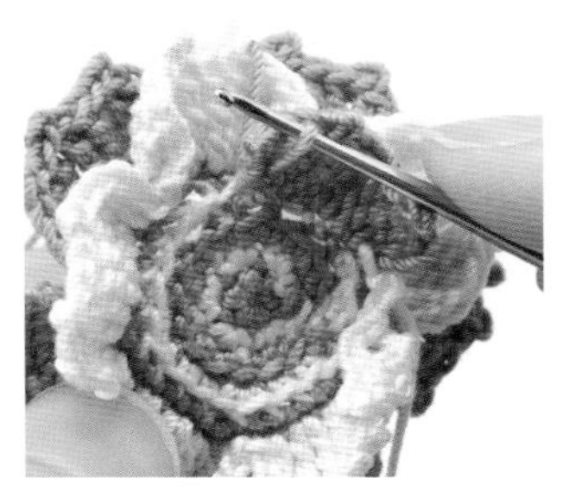

22 一边在3卷长针上钩入1针锁针的狗牙针，一边钩织花瓣。

23 第9圈完成。

芍药花第10圈的编织图解

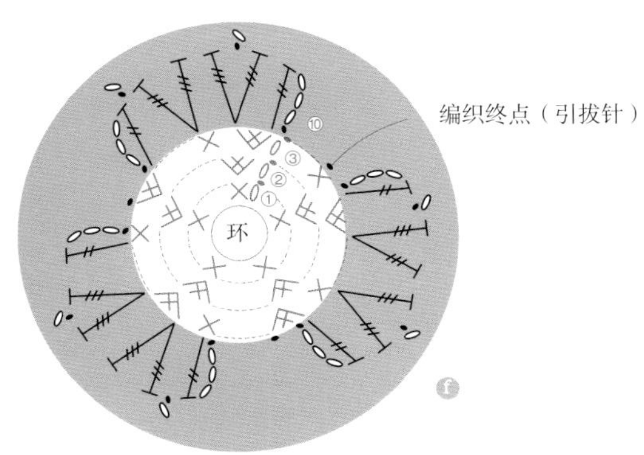

省略第4~9圈

f 一边钩织第10圈，一边加入1针锁针的狗牙针

24 钩3针锁针。

25 在前一圈花瓣的中间位置即第3圈的前面半针里插入钩针。

26 针头挂线后引拔。

27 钩3针锁针，在同一个针目里钩入长长针。

28 一边在3卷长针上钩入1针锁针的狗牙针，一边钩织花瓣。

29 第10圈完成。

加入花艺铁丝的叶子（桔梗）

像桔梗叶子一样细长的叶子在中心加入花艺铁丝钩织，比较容易调整形状。

编织起点

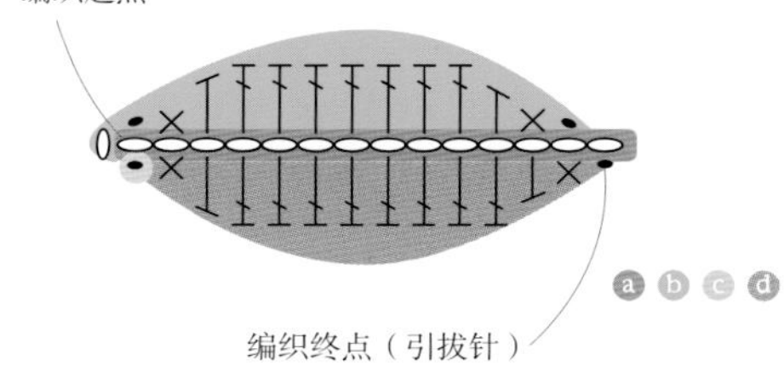

a b c d

编织终点（引拔针）

桔梗叶子（小）的编织图解

a 加入花艺铁丝起针

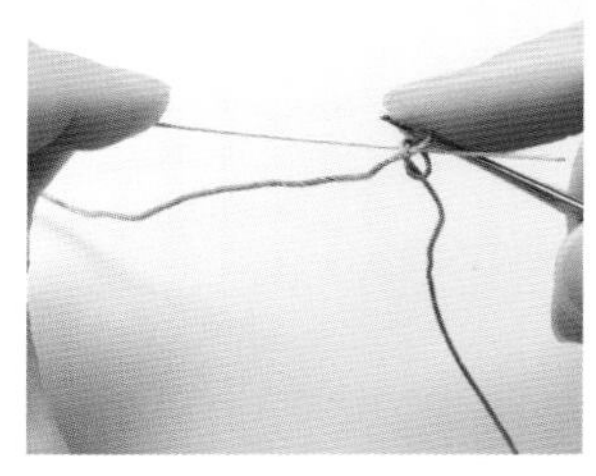

1 先将花艺铁丝剪至15cm左右。按锁针要领拉出一个线圈（→p.25锁针的1～3），将铁丝的一头穿入下方的线环中。

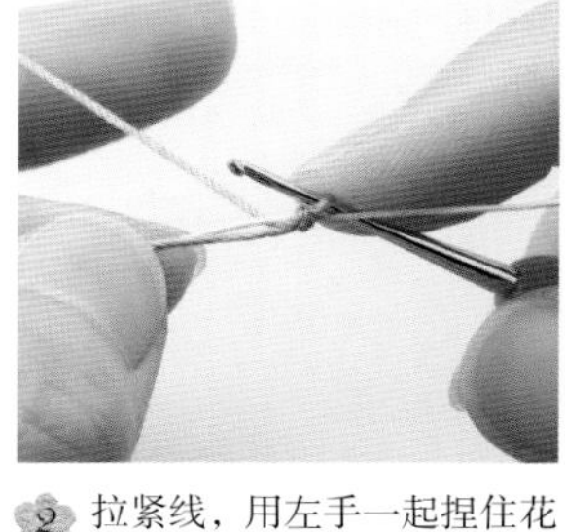

2 拉紧线，用左手一起捏住花艺铁丝和编织起点的线。

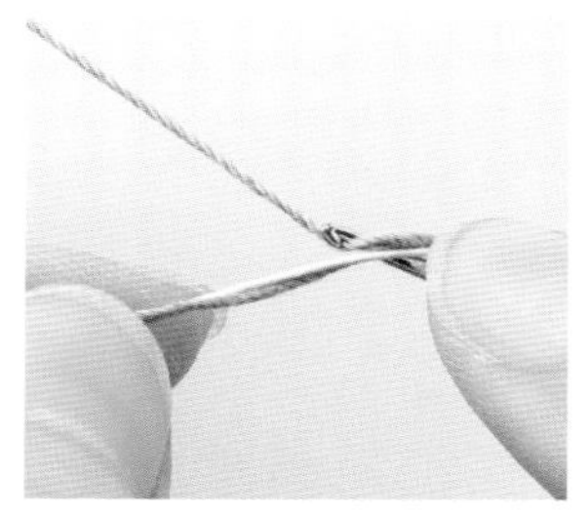

3 从花艺铁丝的下方插入针头挂线。

4 拉出。

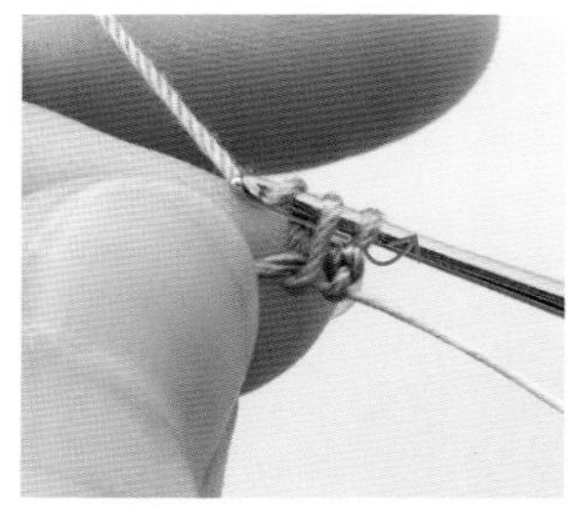

5 针头再次挂线。

6 拉出。

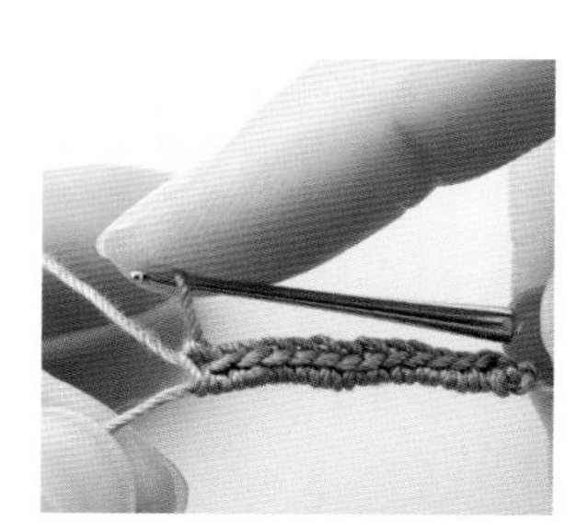

7 重复3～6，一共起14针。

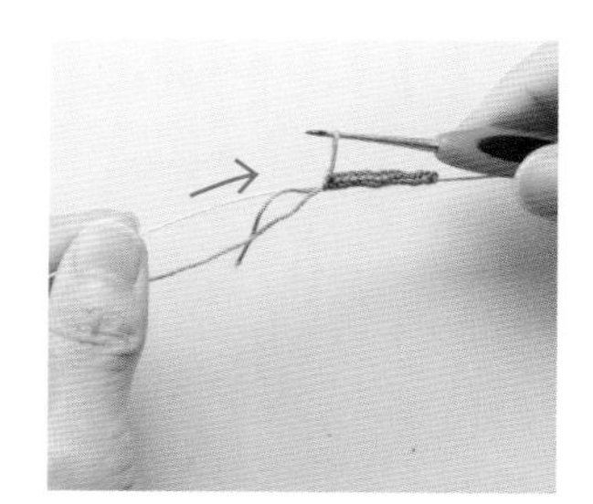

8 拉动花艺铁丝，将起好的针目移至花艺铁丝的正中间。

b 钩织叶子的一侧

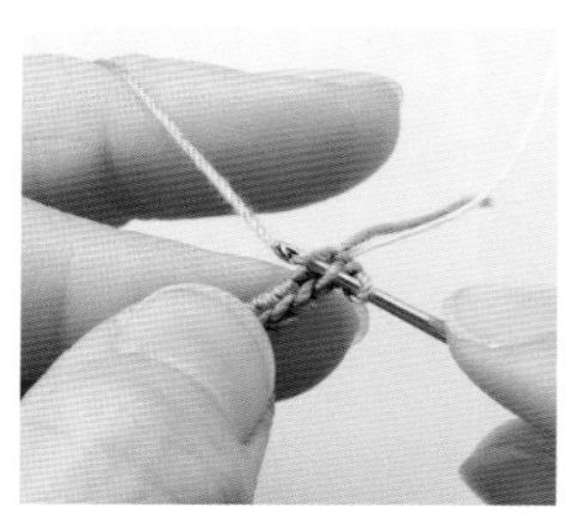

9 水平翻转针目，在第2针头部的后面1根线里插入钩针引拔。

10 接着按图解一边在起针针目头部的后面1根线里挑针，一边钩织叶子的一侧。

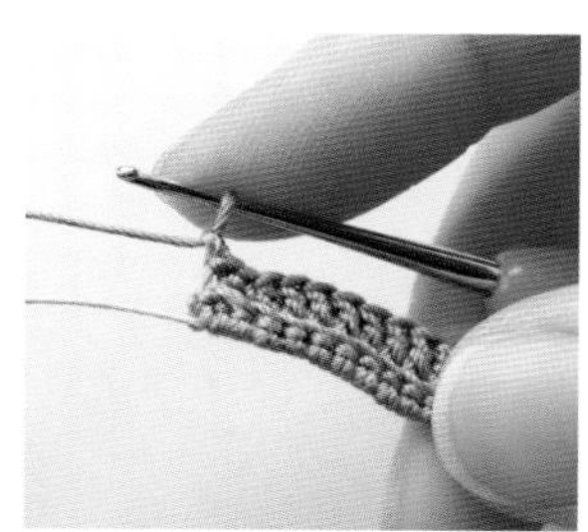

11 钩完叶子一侧的针目，接着在左端钩1针引拔针和1针锁针，完成后的状态。

c 折弯花艺铁丝

12 在11中引拔针的半针以及起针针目剩下的半针里插入钩针，针头挂线后引拔。

13 引拔后的状态。

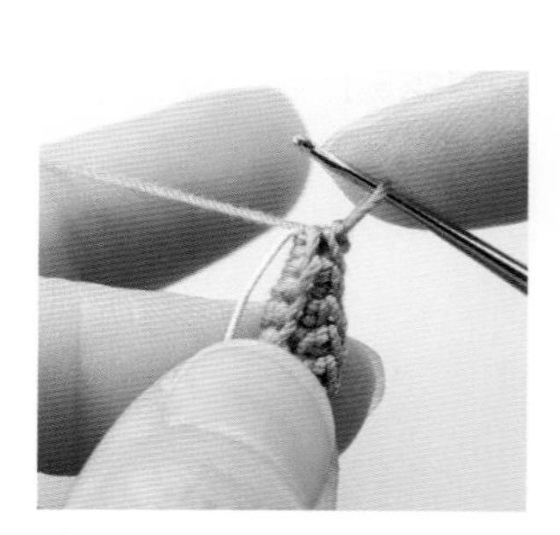

14 折弯花艺铁丝。

ⓓ将折弯后的花艺铁丝包在针目里钩织

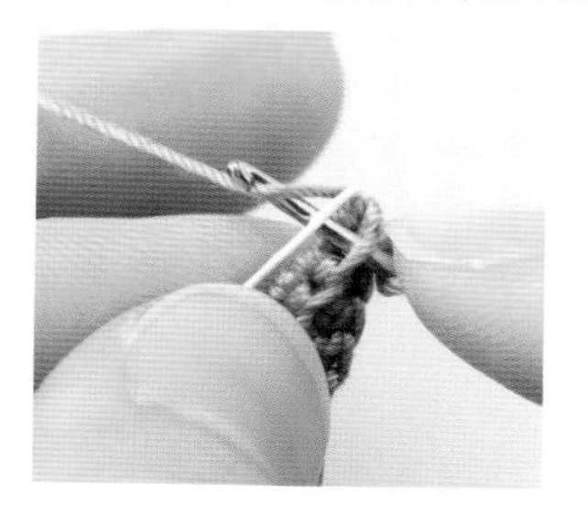

15 折弯花艺铁丝后的第1针从花艺铁丝的下方插入钩针，钩短针。

16 短针完成后的状态。

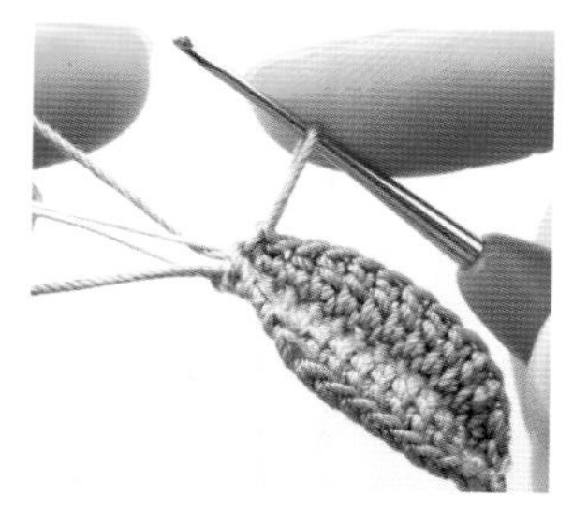

17 从第2针开始，从花艺铁丝的下方插入钩针，按图解钩织。

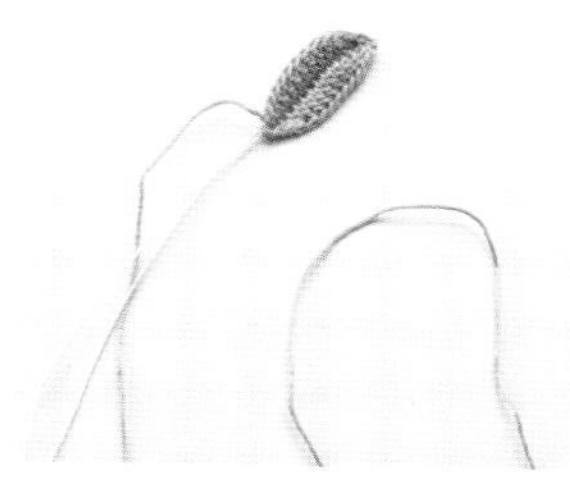

18 留出15cm长的线头后剪断。编织起点的线头贴着针脚剪断。

花萼（桔梗）

用下面这种方法钩织的萼片像线一样纤细。立织锁针后往回钩引拔针，就可以钩出细长的形状。

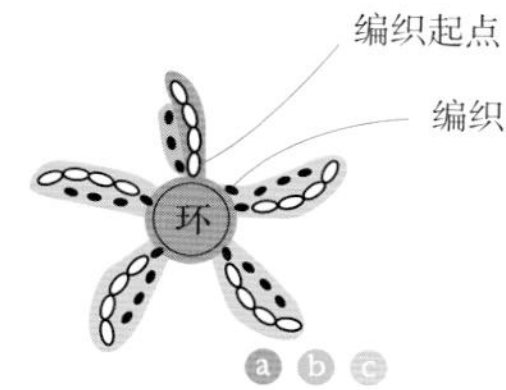

ⓐ环形起针后钩织锁针

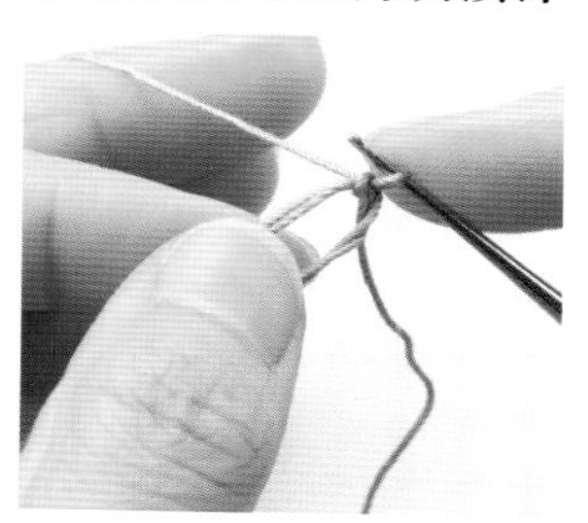

1 按p.26的 1 ~ 6 相同要领环形起针。

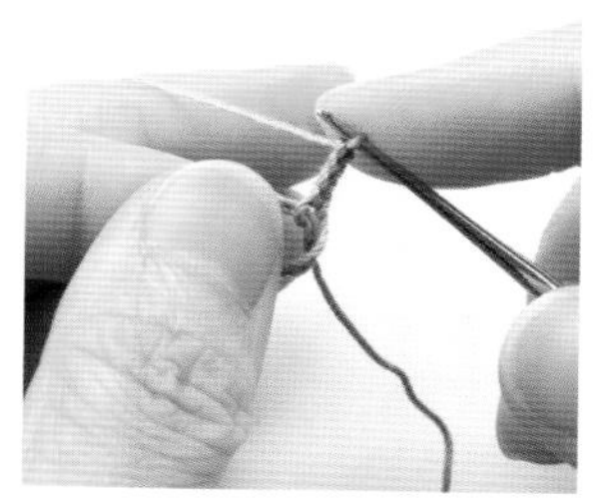

2 钩4针锁针。

ⓑ在锁针上钩引拔针

3 在 2 的锁针上钩引拔针。首先在倒数第2个锁针的半针里插入钩针引拔。

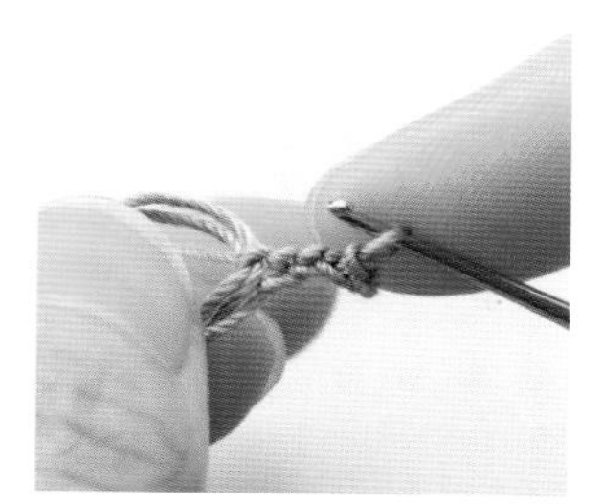

4 引拔后的状态。

5 再在下一个锁针里插入钩针，针头挂线后引拔。

6 引拔后的状态。下一针也按相同要领钩引拔针。

ⓒ钩织5个萼片后收紧中心的线环

7 在线环中钩引拔针。

8 重复 2 ~ 7 ，一共钩织5个萼片。

9 取下钩针，按p.27的 11 ~ 13 相同要领收紧线环。

10 线环收紧后的状态。留出40cm左右的线头后剪断，编织起点处理好线头后剪断。

5片小叶的复叶（芍药）

在锁针上连续钩织5片小叶子，就像一笔写成的一样。2片和3片小叶组成的复叶也可以按相同要领钩织。

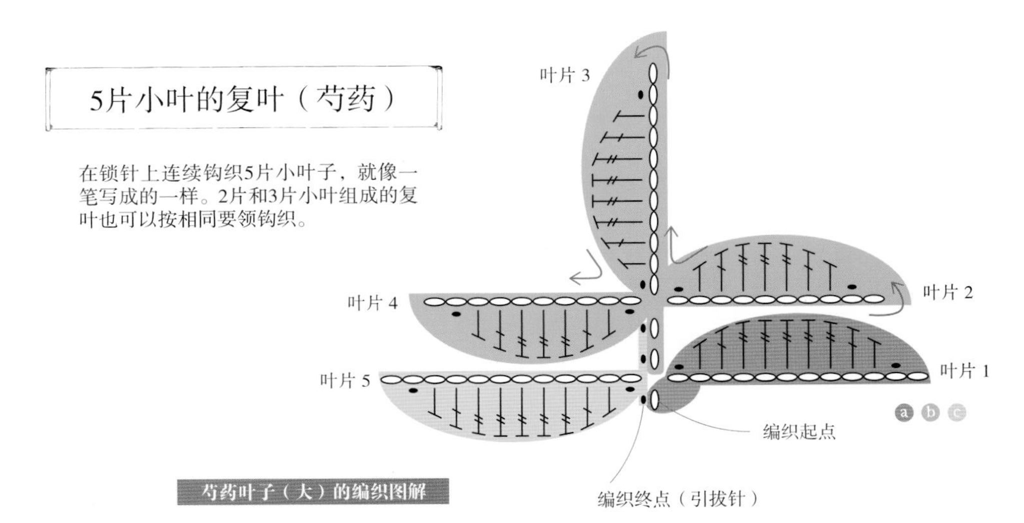

芍药叶子（大）的编织图解

a 起针后钩织叶片1

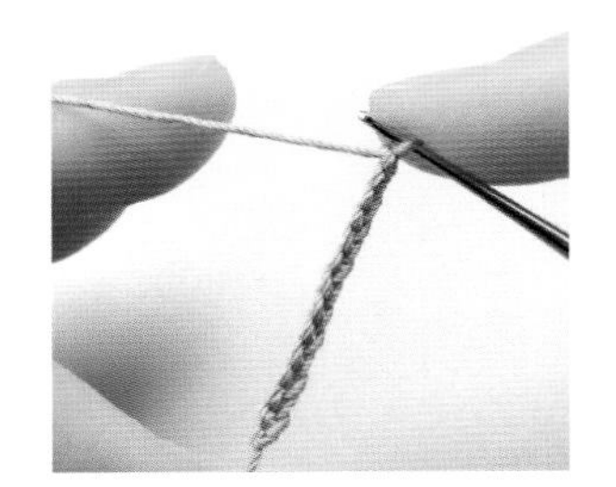
1 钩13针锁针。

2 在倒数第2个锁针的半针里插入钩针，针头挂线。

3 引拔。接着按图解钩织中长针、长针和长长针。

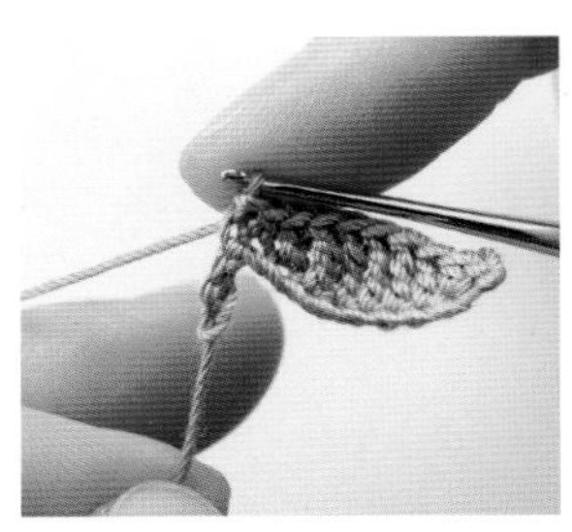
4 在编织起点的第2针里钩引拔针。

b 按相同要领钩织叶片2~4

5 钩2针锁针。

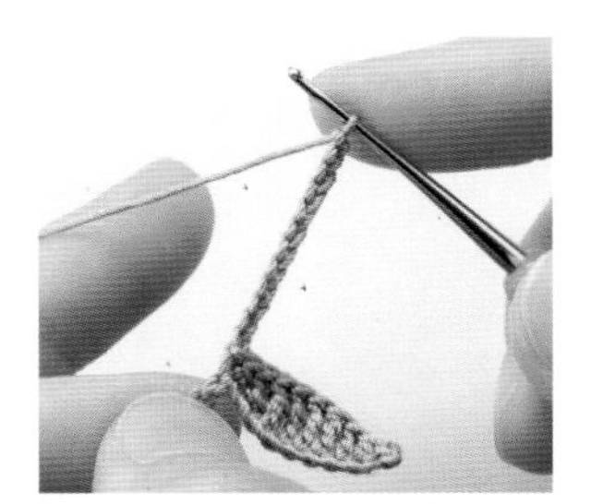
6 再钩10针锁针。

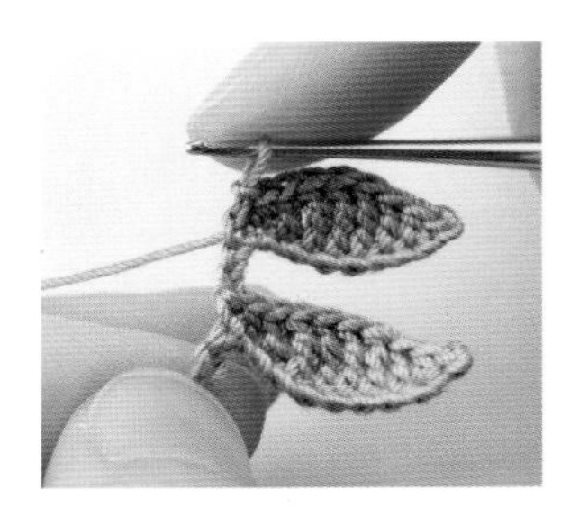
7 按图解钩织叶片2。

8 按相同要领钩织至叶片4。

c 钩织叶片5

9 在从下往上数第3个锁针的半针里插入钩针。

10 针头挂线后引拔。

11 按相同要领在下一个锁针里钩引拔针。

12 钩12针锁针后钩织叶片5。第5个叶片完成后的状态。

13 在编织起点的第1针锁针里插入钩针。

14 针头挂线后引拔。

15 引拔后的状态。

16 5片小叶的复叶完成。编织终点留出15cm长的线头后剪断。

果实（草莓）

一边加针一边钩织，然后从中间开始减针，就可以钩织出圆圆的果实形状。

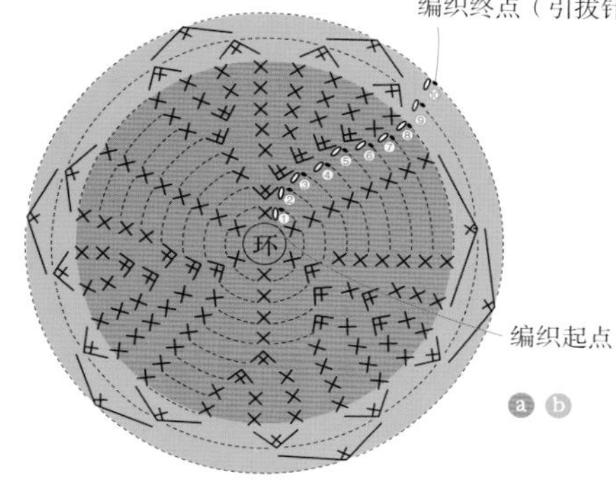

草莓果实（大）的编织图解

●第1~10圈的针数表

圈数	针数	加、减针的方法
10	6	减6针
9	12	减13针
8	25	无须加、减针
7	25	无须加、减针
6	25	加5针
5	20	加5针
4	15	加3针
3	12	加3针
2	9	加3针
1	6	在线环中钩入6针

a 钩织第1~8圈

1 环形起针。

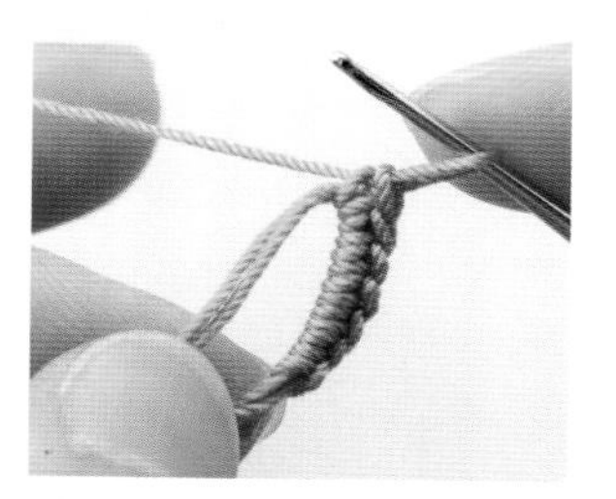

2 钩入6针短针。

3 收紧中心，在最初的针目里钩引拔针完成第1圈。

4 一边加针一边钩织第2~6圈。第7~8圈无须加、减针。

5 第8圈完成后的状态。

b 一边塞入零碎线头，一边钩织第9、10圈

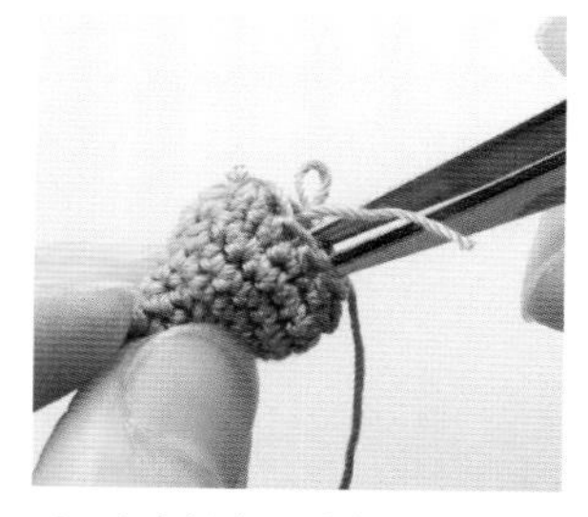

6 在中间塞入零碎线头。将编织起点的线头也一起塞在里面。

7 第9、10圈钩“2针短针并1针（→p.25）”和“3针短针并1针”进行减针。

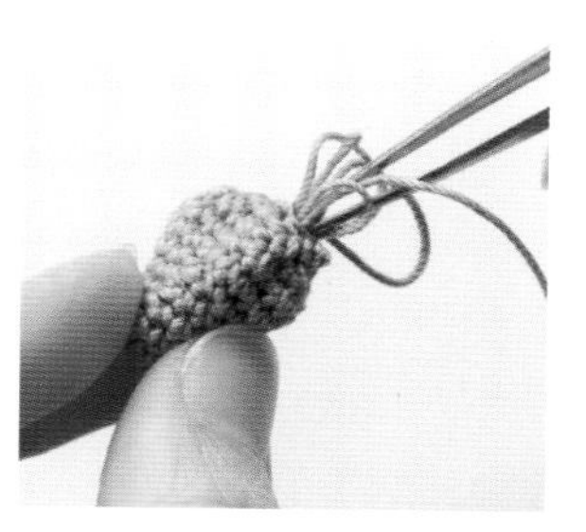

8 再次塞入零碎线头，填充至想要的硬度。

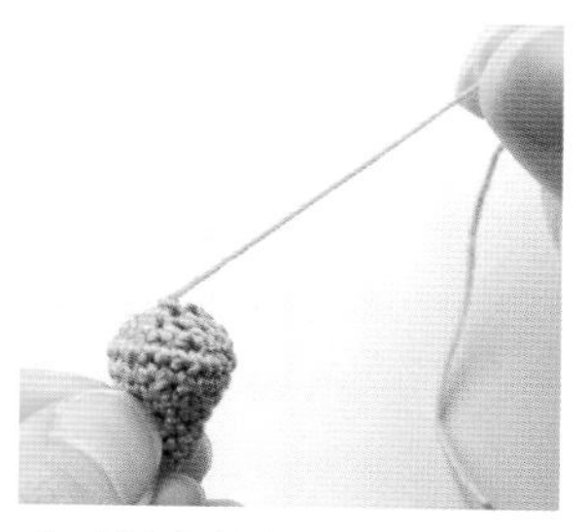

9 用力拉紧编织终点的线，做好线头处理。果实（草莓）就完成了。

组合（桔梗）

花朵和叶子等各部分钩织完成后先要上色，然后组合在一起。其他作品的组合方法也基本相同。花茎末端的处理方法有两种，请选择自己喜欢的方法。

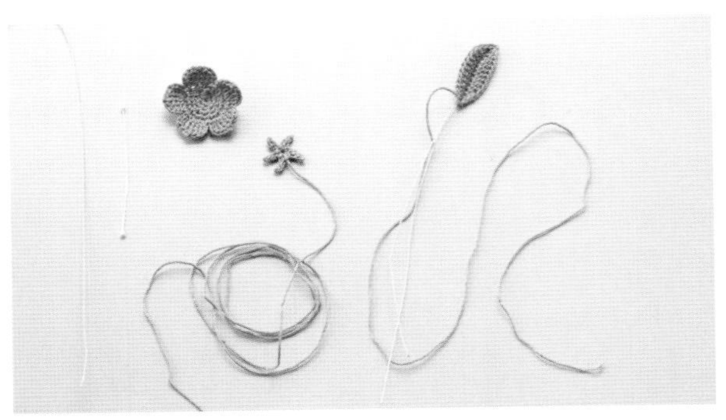

从左往右依次是：纸包花艺铁丝（约15cm）、人造仿真花蕊（1根）、花朵、花萼、叶子。

各部分钩织完成后，一边组合一边制作花茎。

ⓐ在花朵中插入花艺铁丝

1 将花艺铁丝对折，从桔梗花的正面中心插入。

2 插入剪至一半长度的人造仿真花蕊。

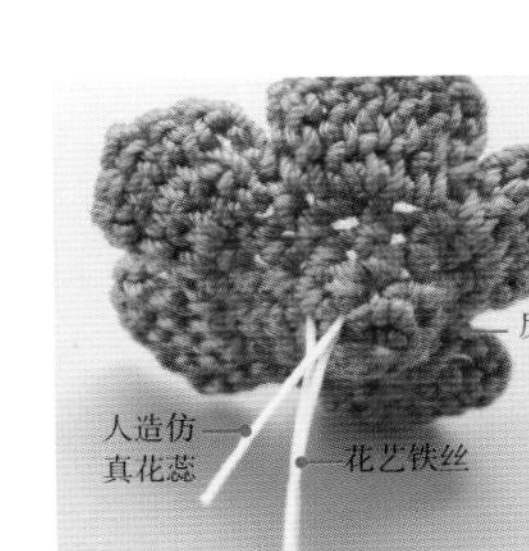

3 从反面看到的状态。

ⓑ加上花萼

4 将花萼的反面朝上，正面朝下，从中心位置插入花艺铁丝。

5 在花朵的反面涂上黏合剂，固定花萼。

ⓒ一边缠线一边制作花茎

6 从花萼根部往下约1cm处的花艺铁丝上涂上黏合剂。

7 将花萼的线缠在上面。

8 涂有黏合剂的部分缠好线后，再涂上黏合剂继续缠线，按此要领重复操作。

ⓓ加上叶子

9 在叶子的根部涂上少许黏合剂，用叶子的线缠2~3圈。

10 与 8 并在一起，再在叶子的根部涂上少许黏合剂。

11 用叶子的线缠2~3圈，将花萼的线也缠在中间。也可以用花萼的线缠绕，将叶子的线缠在中间。

12 每次涂上1~2cm的黏合剂后继续缠线，重复此操作。

13 缠至喜欢的花茎长度。

e 花茎末端的处理 1 这是折弯花茎末端的处理方法。

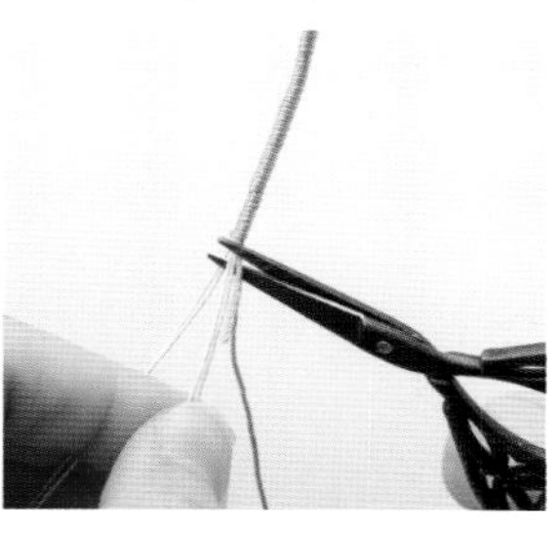

14 缠线至喜欢的长度后，留下1根花艺铁丝和1根长线，其余的剪掉。

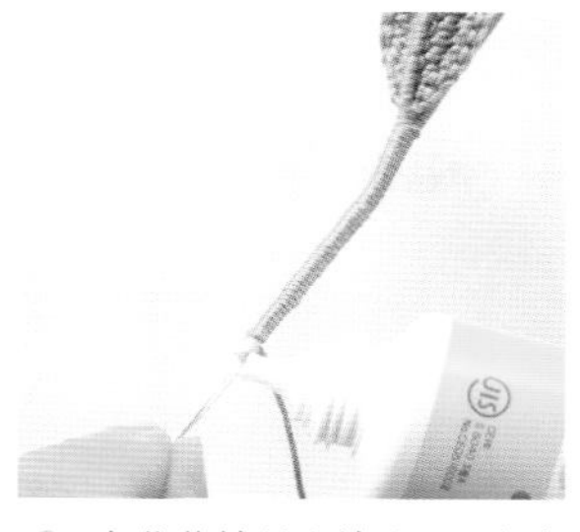

15 在花艺铁丝上涂上1cm左右的黏合剂。

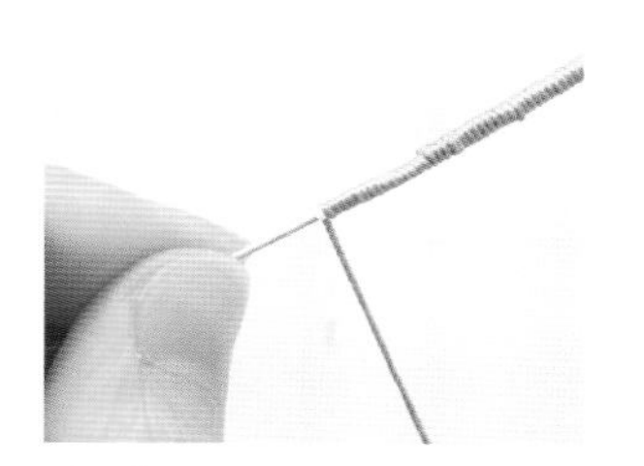

16 将剩下的线缠在上面。

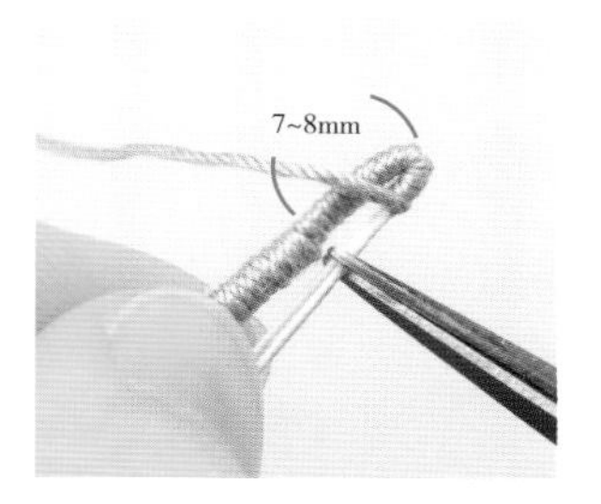

17 在距离剪断铁丝位置7~8mm处折弯花艺铁丝。再如图示剪断多余的花艺铁丝。

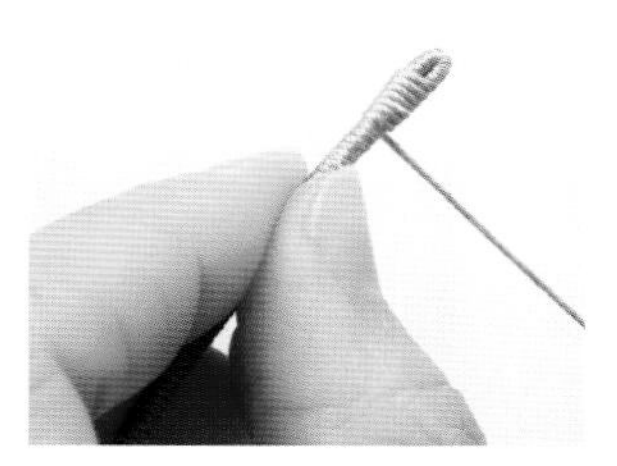

18 涂上黏合剂，将折弯部分包在里面继续缠线。

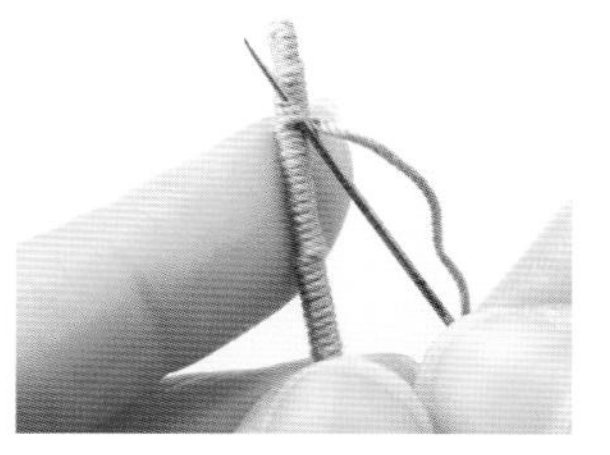

19 缠至前面剪断铁丝位置后，将剩下的线头穿入手缝针，在缠绕的线中穿出后剪断。

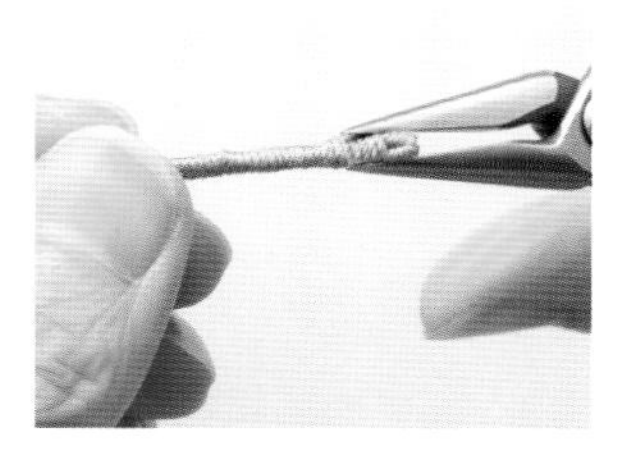

20 用钳子夹紧花艺铁丝。

21 一枝桔梗就完成了。

e 花茎末端的处理 2 这是连同花艺铁丝一起斜向剪断的处理方法。

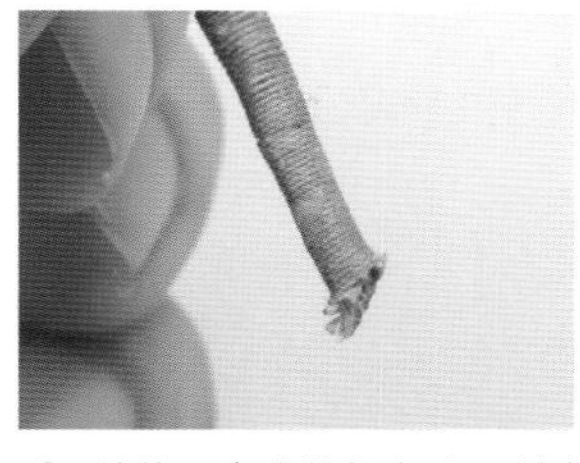

14 缠线至喜欢的长度后，连同花艺铁丝和线一起斜向剪断，涂上与花茎相同的颜色。

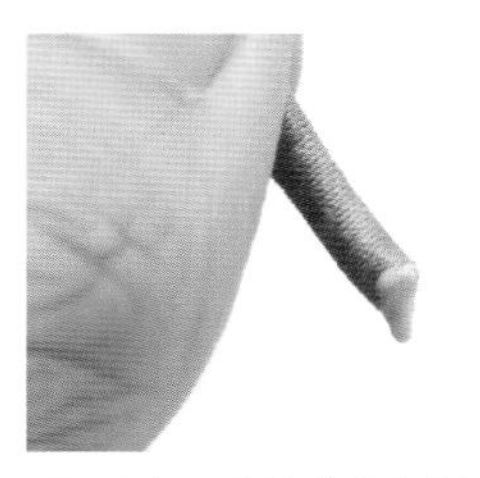

15 在切口处涂满黏合剂，静置晾干。

16 黏合剂晾干后的状态。

正在缠绕的线越来越短……

当线快用完时，尽快接上新线后继续缠绕。

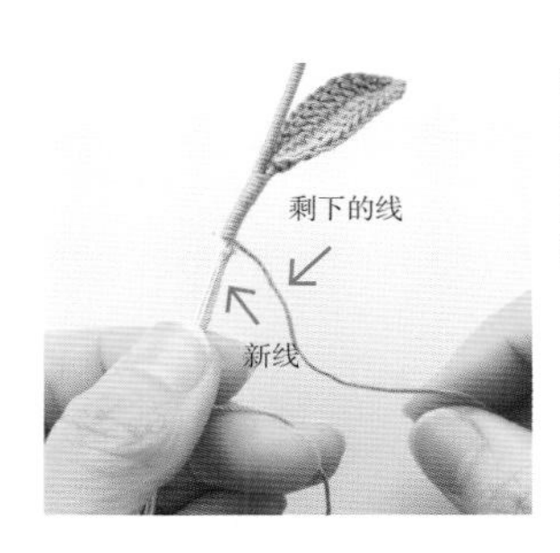

在花艺铁丝上涂上2~3cm的黏合剂，将新线粘贴在上面，再用剩下的线缠绕固定新线。

随着花艺铁丝和线的增多，花茎越来越粗……

如果花朵和叶子的数量比较多，花艺铁丝和线的根数就会增加，花茎也就越来越粗。用下面的方法进行调整。

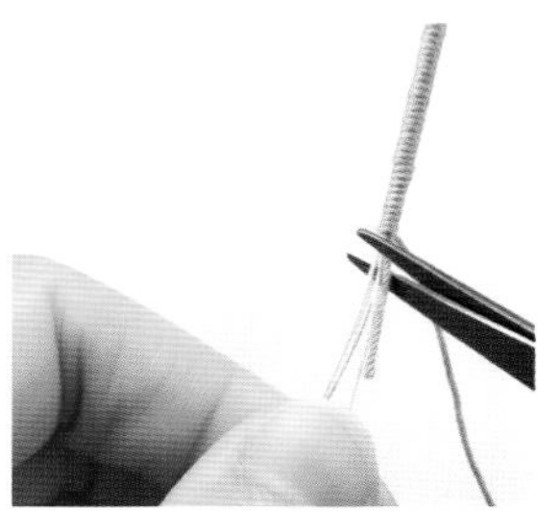

留下1根较长的线和2根左右的花艺铁丝，其余的剪掉。

●为了便于理解，图中使用了与作品不同颜色的粗线。

小苍兰

作品图 ——— p.6
成品尺寸　全长约11cm

材料

蕾丝线（白色，80号）
纸包花艺铁丝（白色，35号）

制作方法

1. 钩织花朵（大）（中）（小），分别做好线头处理。
2. 钩织5片花萼，将编织终点的线留长一点（15cm左右）。
3. 加入花艺铁丝钩织5片叶子，将编织终点的线留长一点（15cm左右）。
4. 制作2个花蕾。→p.40
5. 按配色表上色。
6. 用花艺铁丝组合花朵，加上花萼。→p.39
7. 一边缠线一边将各部分组合在一起。→p.40
8. 制作球根部分。→p.41
9. 给花蕾、花茎和球根上色。
10. 调整花朵和叶子的形状，喷上定型喷雾剂。

配色表

花朵	6号、7号　※随意上色
花蕾	6号、7号、13号　※中间无须上色，根部用13号
叶子、花茎	13号、14号　※随意上色
球根	16号　※渐变色

编织图解

花朵（大） 1片

①
②
③
④
编织起点
编织终点（引拔针）

钩1针锁针起针。第1行立织3针锁针，在起针的锁针里钩入2针长针。第2~3行一边加针一边钩织成扇形。在第4行一边钩★（→p.28）一边钩织花瓣。

花朵（中） 3片

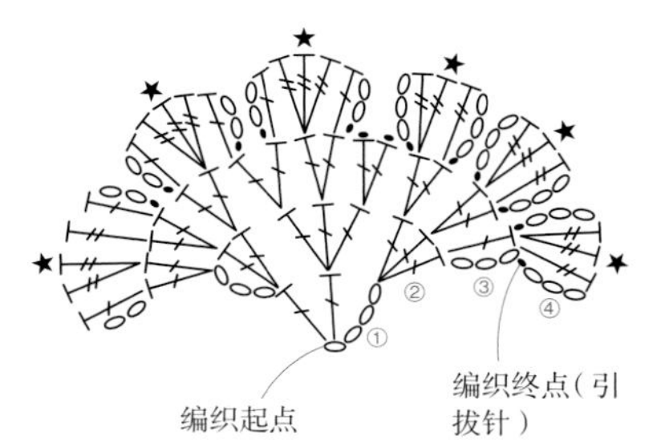

基础钩织方法与花朵（大）相同。在第4行一边钩★一边钩织花瓣。

花朵（小） 1片

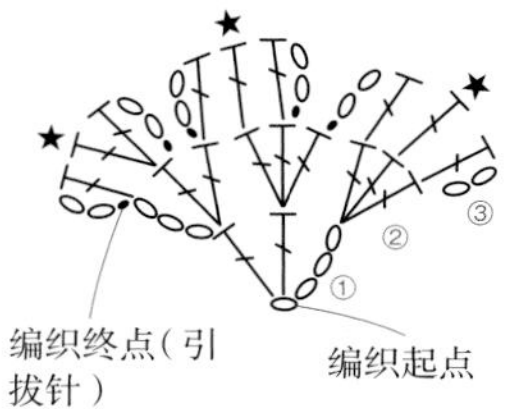

基础钩织方法与花朵（大）相同。在第3行一边钩★一边钩织花瓣。

花萼　5片

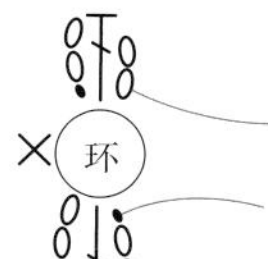

环形起针，立织2针锁针。接着钩长针和2针锁针后在线环里引拔，钩织萼片。钩1针短针，再钩织1个萼片后收紧线环。

叶子　5片

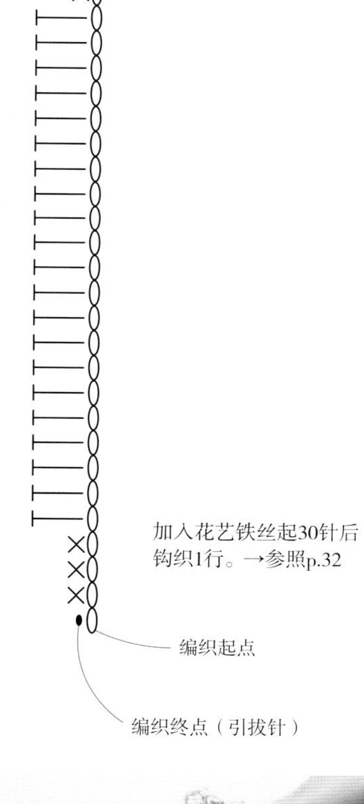

加入花艺铁丝起30针后钩织1行。→参照p.32

花朵的组合要领

※准备 / 将花艺铁丝剪至10cm长备用。

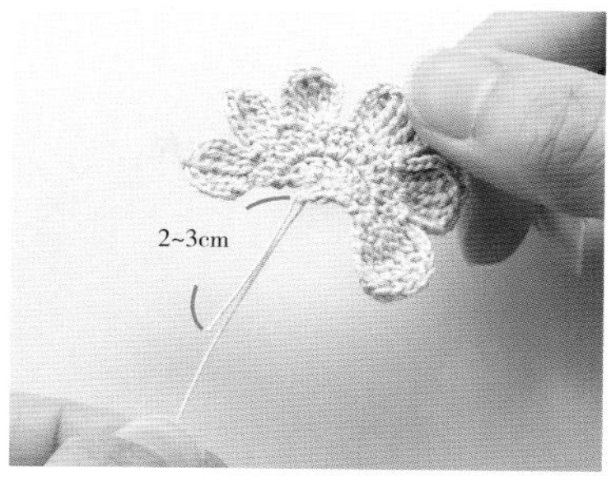

1 用烫花器烫压扇形花片的反面。在起针针目里穿入花艺铁丝，在2~3cm位置折弯铁丝的一端。

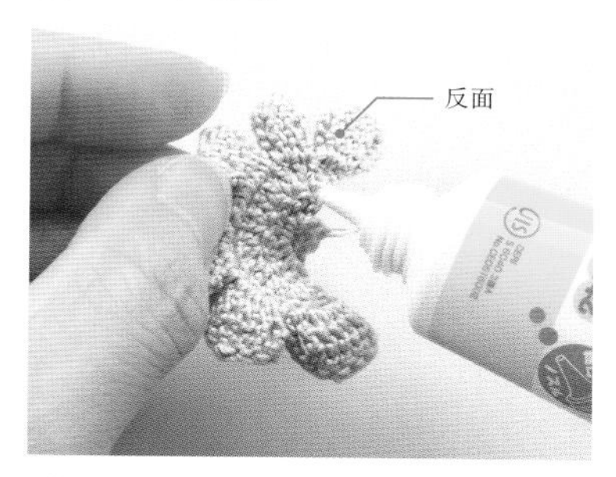

2 将花片反面朝上拿好，在右下方涂上黏合剂。

3 将黏合剂包在里面把花瓣卷成圆锥形。

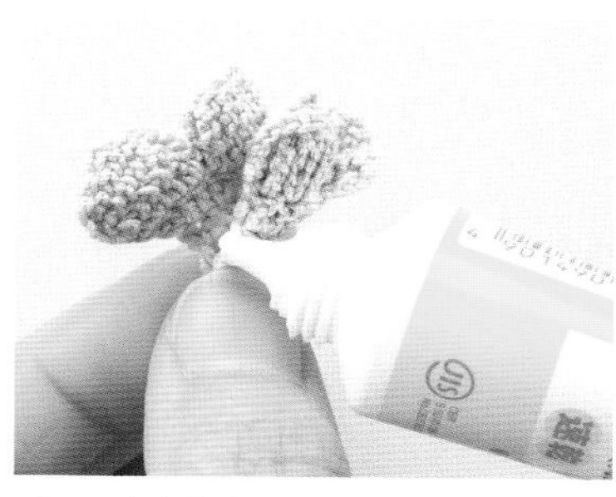

4 一边在花片的根部涂上黏合剂，一边继续将花瓣卷成圆锥形。

5 卷至最后的状态。

6 用手指调整花朵的形状。

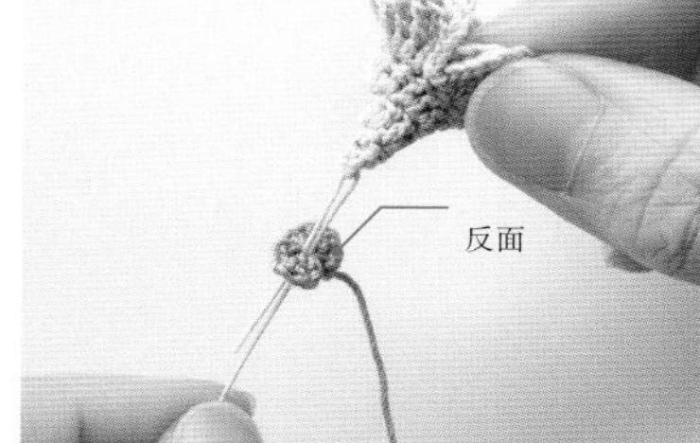

7 将花萼的反面朝上，在中心位置插入花艺铁丝。

8 在花朵的反面涂上黏合剂，固定花萼。

9 分别按相同要领组合花朵（大）（中）（小）。

●为了便于理解，图中使用了与作品不同颜色的粗线。

花蕾的制作方法

※准备／将花艺铁丝剪至10cm长备用。

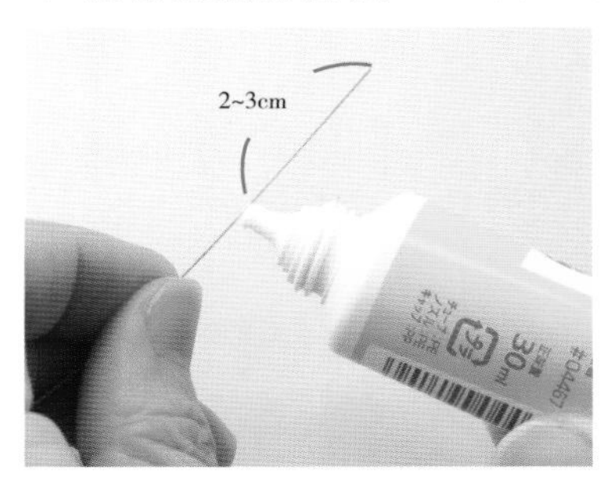

1 在距离花艺铁丝一端2~3cm处涂上5mm左右的黏合剂。

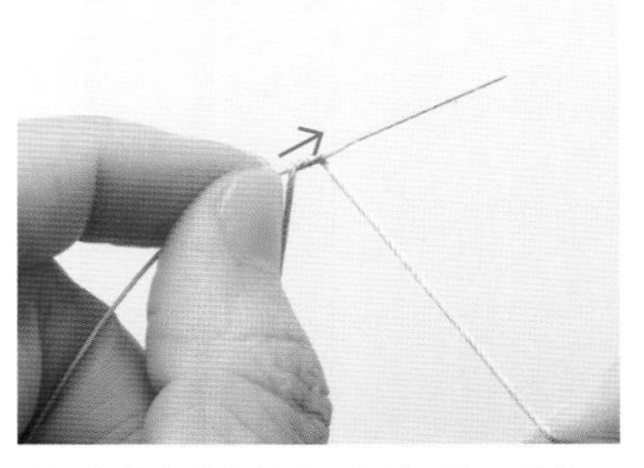

2 在涂有黏合剂的地方从下往上缠线。

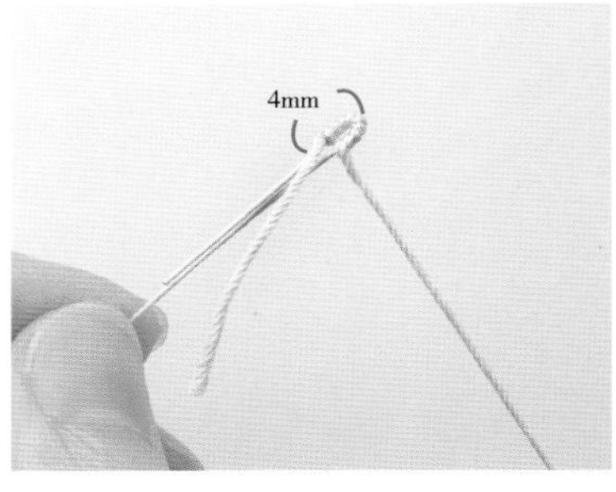

3 缠绕8mm左右后，在缠线部分的中间折弯花艺铁丝。

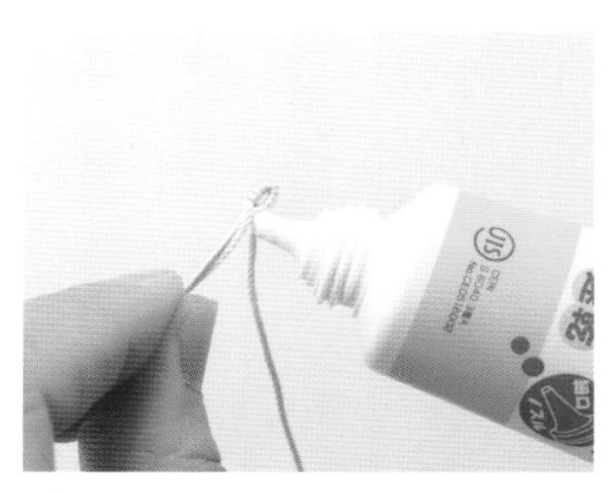

4 在缠线一头的下方涂上黏合剂。

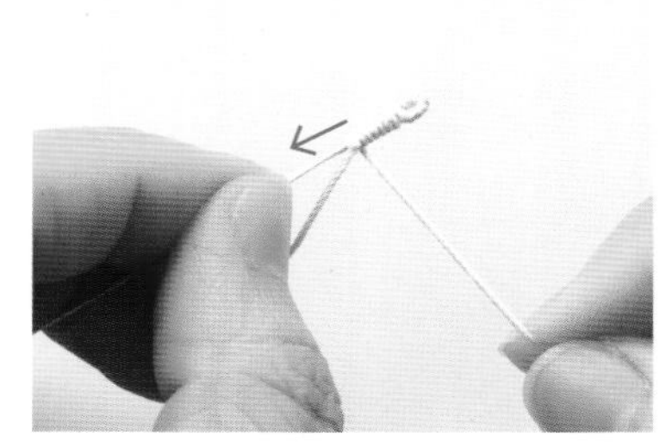

5 将2根花艺铁丝并在一起，朝下方继续缠线。

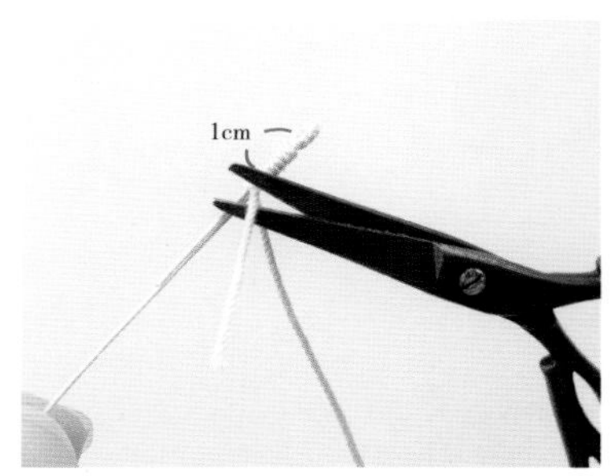

6 缠绕1cm左右后，剪断短的线头。

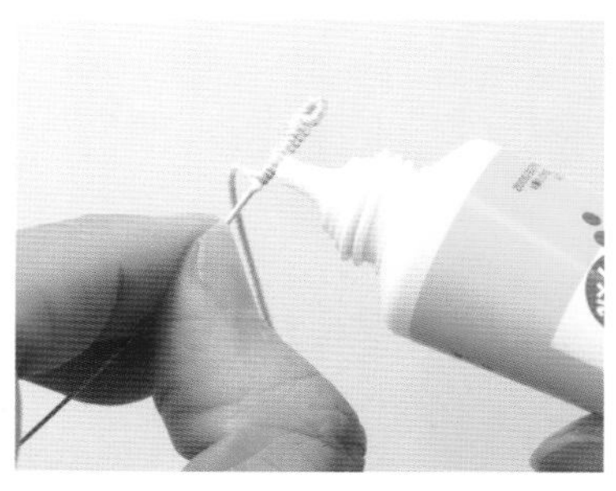

7 在刚才的缠线部分涂上黏合剂。

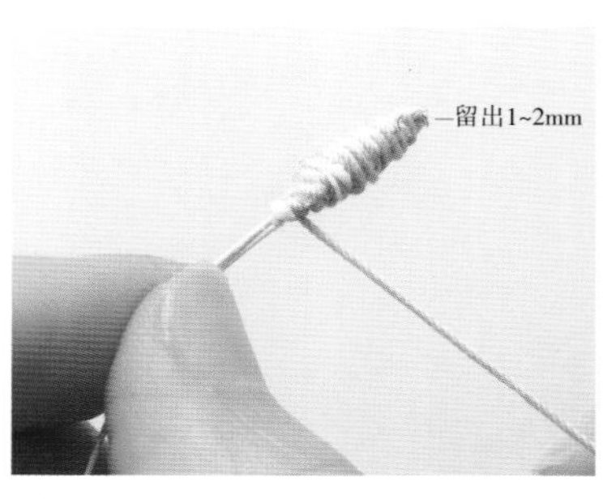

8 顶端留出1~2mm，一边涂上黏合剂一边缠线，缠成鼓鼓的花蕾形状。

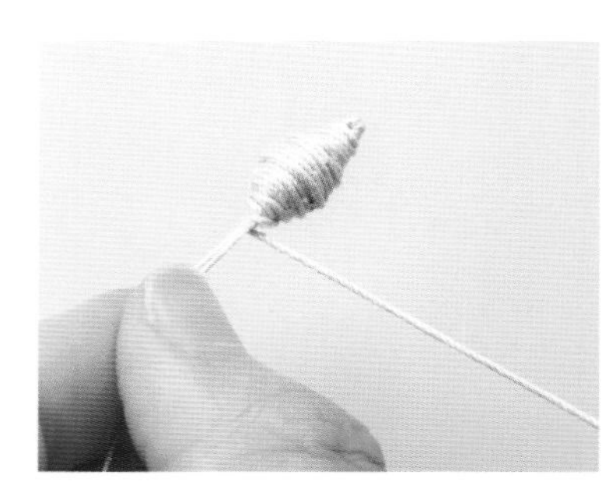

9 最后在缠线部分的下端涂上黏合剂固定好缠线，留出15cm左右线头后剪断。

整体的组合要领

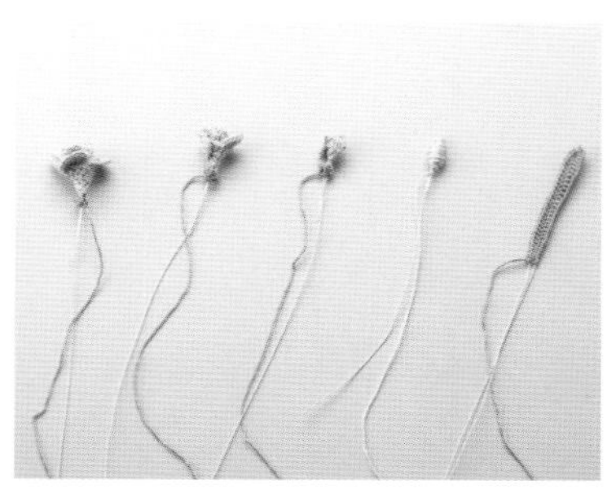

1 下面要将加了花萼的花朵（大）（中）（小）、花蕾和叶子组合起来。

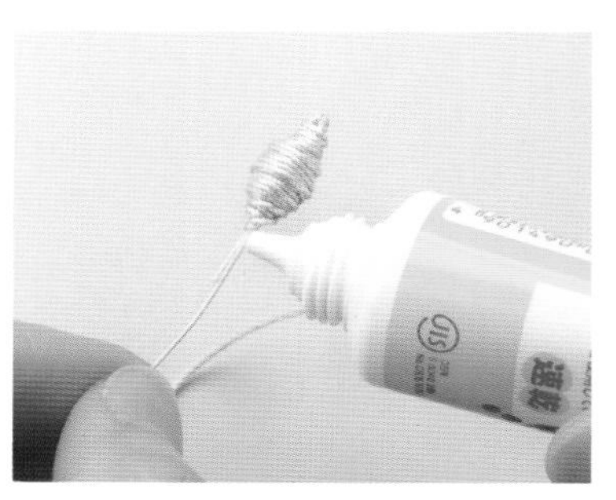

2 首先在花蕾的根部涂上黏合剂，朝下方缠线。

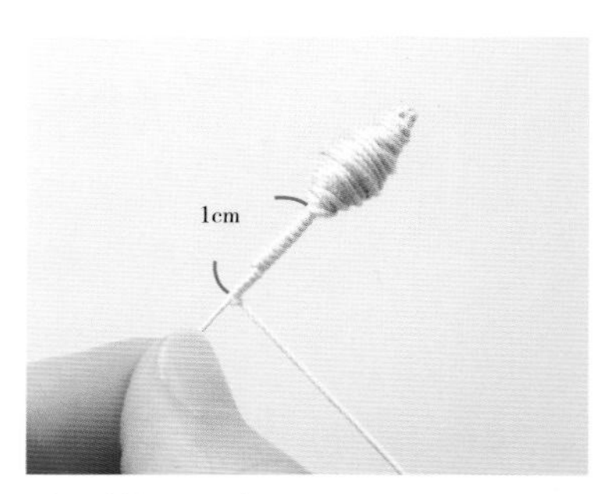

3 缠绕1cm左右。

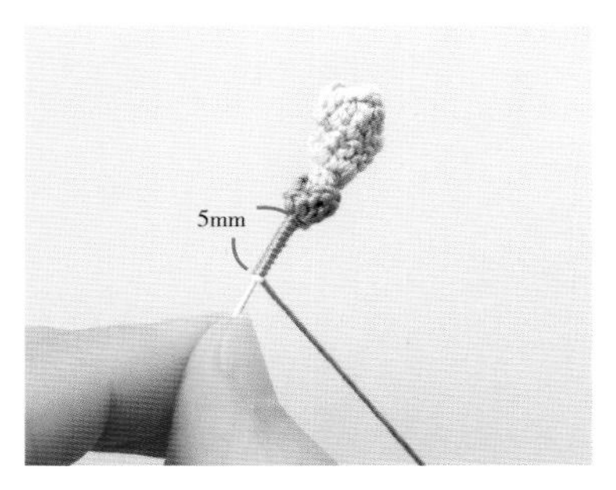

4 在花朵（小）的根部也涂上黏合剂，缠上5mm左右的线。

5 与花蕾并在一起，涂上黏合剂后用花萼的线将花艺铁丝缠在一起。

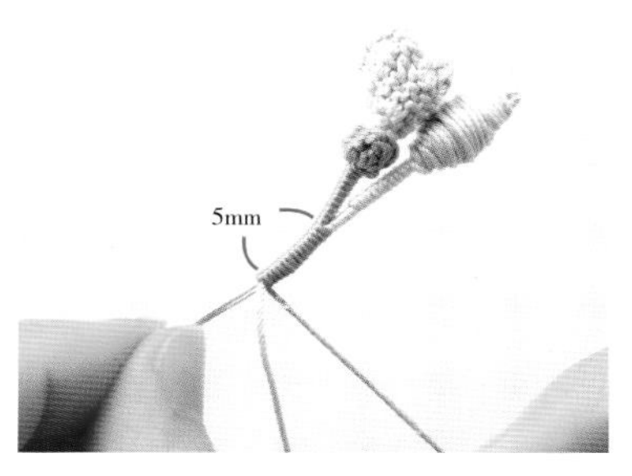

6 缠绕5mm左右。

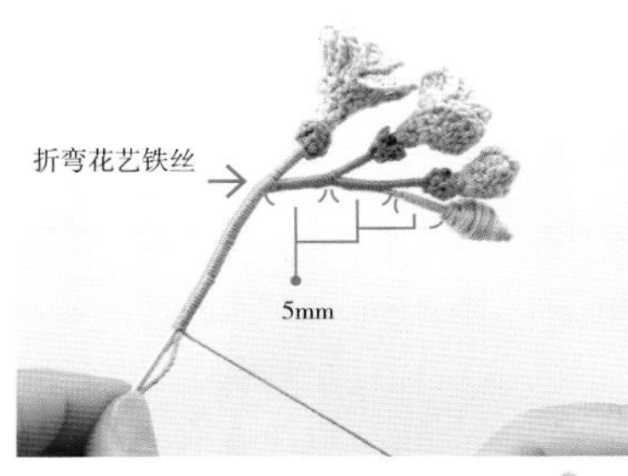

7 花朵（中）和花朵（大）也按 4 ~ 6 相同要领每隔5mm缠在一起后，折弯花艺铁丝调整形状。

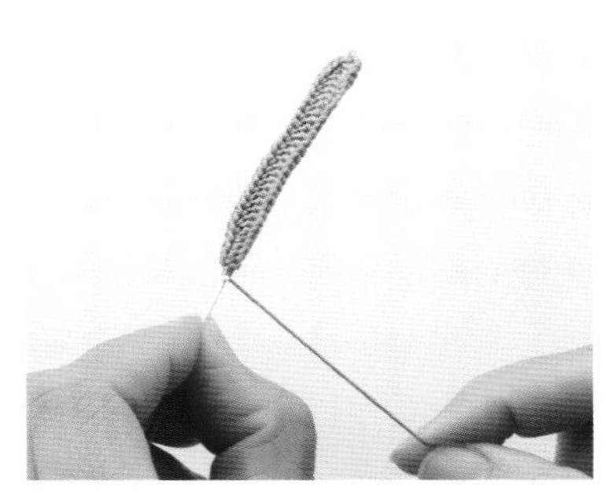

8 在叶子的根部涂上少许黏合剂，用留出的线头缠2~3圈。

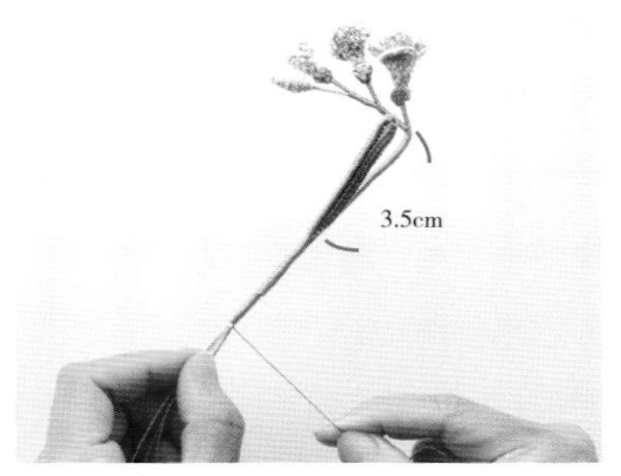

9 在 7 中花艺铁丝的折弯处往下3.5cm的位置与 8 的叶子并在一起，继续缠线制作花茎。

球根的制作方法

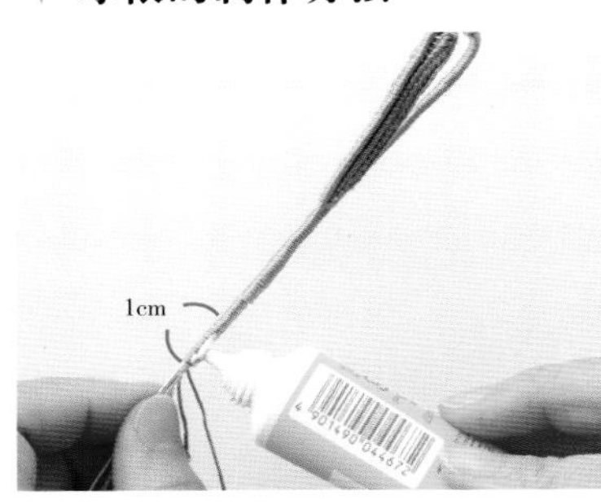

1 缠至喜欢的长度后，在缠好的线上涂上1cm左右的黏合剂，然后往回缠线。

2 一边涂上黏合剂一边来回缠线，缠至类似球根的粗细。

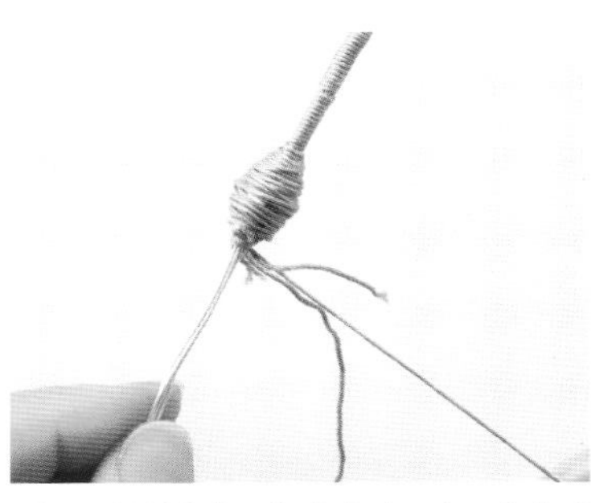

3 要领是在中心部分多缠一点，使其呈鼓鼓的形状。

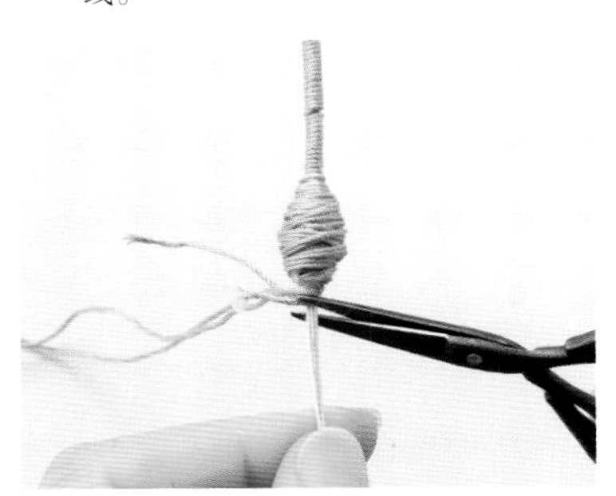

4 避开线头，在球根的下方剪断花艺铁丝。

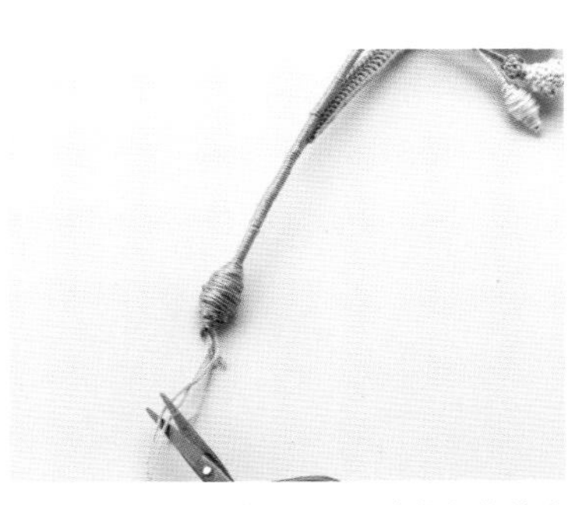

5 剩下的线头作为根须。将较长的线头剪至3cm左右。

6 将线头拧一下再松开。球根就制作完成了。

●为了便于理解，图中使用了与作品不同颜色的粗线。

郁金香

作品图 ——— p.6

成品尺寸　全长约7cm

材料

蕾丝线（白色，80号）

纸包花艺铁丝（白色，35号）

制作方法

1. 钩织花瓣（大）（小）各3片，将编织终点的线留长一点（30cm左右）。
2. 叶子也按相同要领钩织（大）（小）各1片，只将编织终点的线留长一点（30cm左右）。
3. 按配色表上色。
4. 组合花朵。→p.43
5. 一边缠线一边与叶子组合在一起。→p.43
6. 制作球根部分。→参照p.41
7. 给花茎和球根上色。
8. 调整叶子的形状，喷上定型喷雾剂。→p.43

配色表

花朵	A：17号，B：3号　※渐变色
叶子、花茎	13号、14号　※随意上色
球根	16号　※渐变色

编织图解

花瓣（大）3片

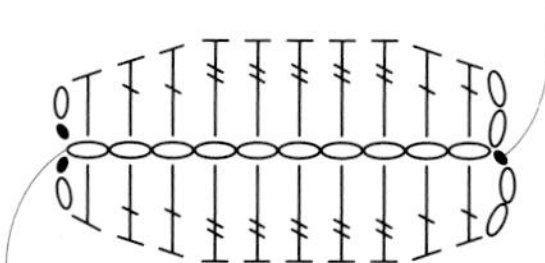

加入花艺铁丝起10针，立织2针锁针。在起针针目的半针里挑针钩织至第10针后，钩1针锁针，然后引拔。折弯花艺铁丝，在剩下的半针里挑针钩织另一侧。

叶子（大）1片

编织起点

编织终点（引拔针）

加入花艺铁丝起35针，在起针针目的半针里挑针钩织1行。在编织起点的第1针里钩引拔针，接着钩1针锁针后折弯花艺铁丝。在剩下的半针里挑针钩织另一侧。→参照p.32

花瓣（小）3片

编织终点（引拔针）

编织起点

基础钩织方法与花瓣（大）相同。加入花艺铁丝起9针后开始钩织。

叶子（小）1片

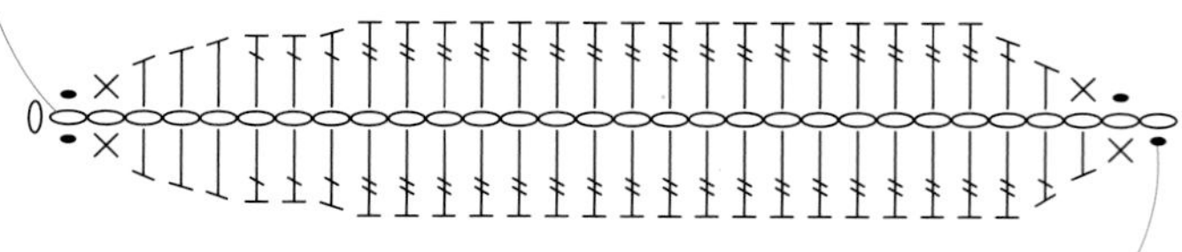

基础钩织方法与叶子（大）相同。加入花艺铁丝起30针后开始钩织。

整体的组合要领

1 用烫花器烫压花瓣的反面，烫出弧度。

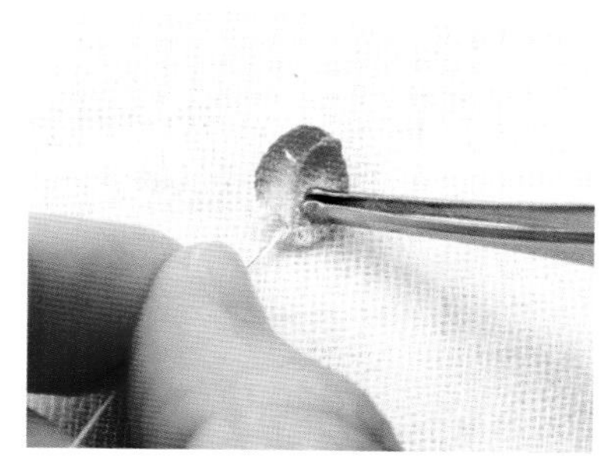

2 如果没有烫花器，也可以用圆头镊子按压出弧度。

3 喷上定型喷雾剂。

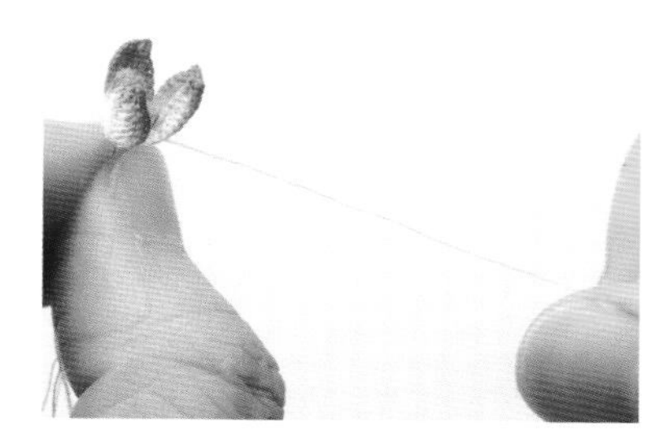

4 如图所示组合3片花瓣（小）。

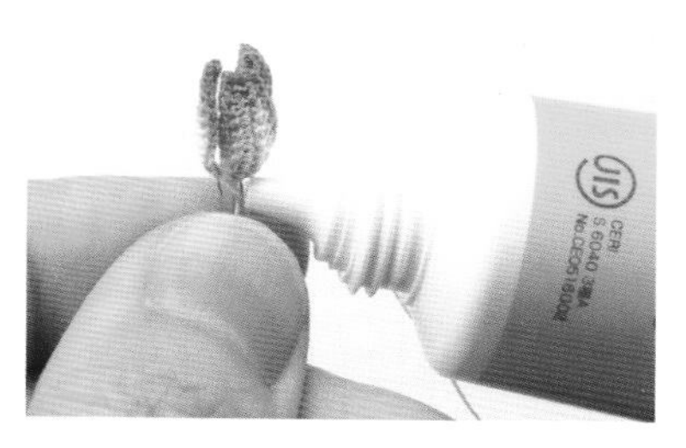

5 在根部涂上黏合剂。

6 用线缠上2圈。

7 再组合3片花瓣（大），使其与花瓣（小）相互错开。按 5 ~ 6 相同要领缠线。

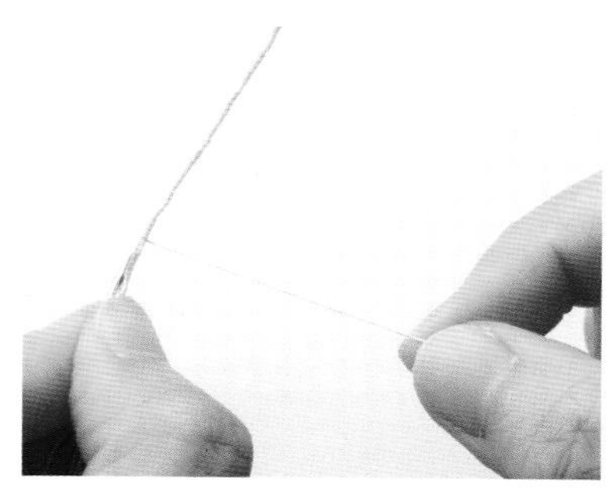

8 将花艺铁丝并在一起，一边涂上黏合剂一边缠线制作花茎。

9 在距离花朵根部约3cm位置，将叶子（小）或（大）并在一起。

10 涂上黏合剂后缠5圈线，再将另一片叶子缠在一起。

11 缠线至下方叶子往下1.5cm处，开始制作球根。（→p.41）

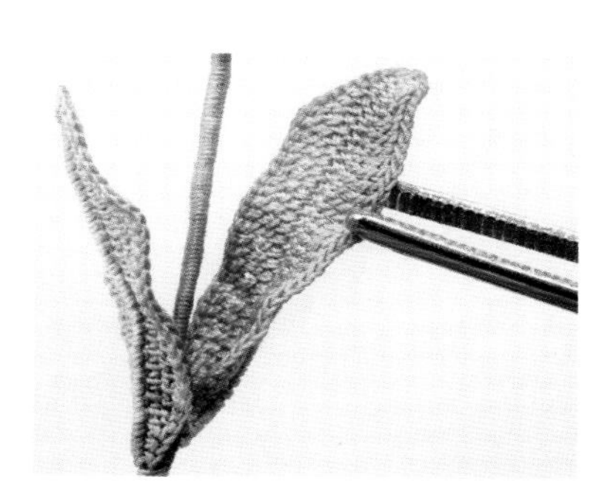

12 用镊子的头部在叶子上夹出波浪形，再喷上定型喷雾剂。

罂粟花

作品图 ——— p.7

成品尺寸　全长6~7cm

材料

蕾丝线（白色，80号）

纸包花艺铁丝（白色，35号）

人造仿真花蕊（蕊头直径2mm）…每朵花半根

玻璃微珠…适量

制作方法

1. 钩织花朵，将编织终点的线留长一点（50cm左右）。
2. 钩织花蕾和花萼，将花萼编织终点的线留长一点（50cm左右）。
3. 按配色表上色。
4. 将人造仿真花蕊对半剪开，将蕊头染成与花萼和花茎相同的颜色。
5. 在花朵中心插入花艺铁丝，再插入人造仿真花蕊。→p.45
6. 粘贴玻璃微珠。→p.45
7. 组合花蕾和花萼。→p45
8. 分别用花朵和花萼留出的长线头缠在花艺铁丝上制作花茎。
9. 给花茎上色，处理花茎的末端。→参照p.37
10. 喷上定型喷雾剂，调整形状。

配色表

花朵	A：3号，B：1号，C：17号
花蕾	3号
花萼	14号
花茎	14号

编织图解

花朵　1片

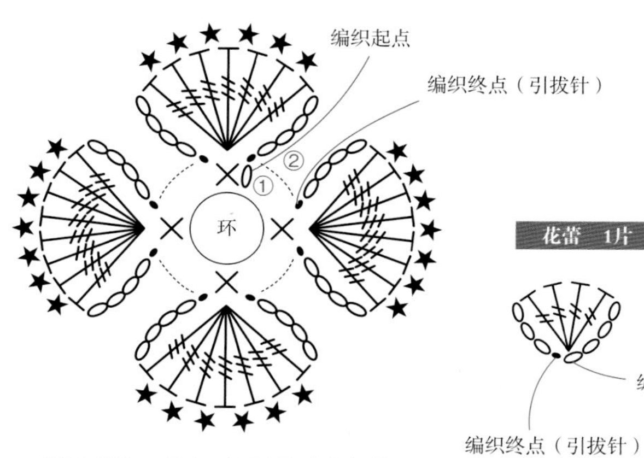

环形起针，钩入4针短针后收紧线环。第2圈一边钩★（→p.28）一边交替钩7针和8针的3卷长针，一共钩织4片花瓣。

钩4针锁针，接着在第1针里钩入4针长长针。再钩3针锁针后在第1针里钩引拔针。

花萼　1片

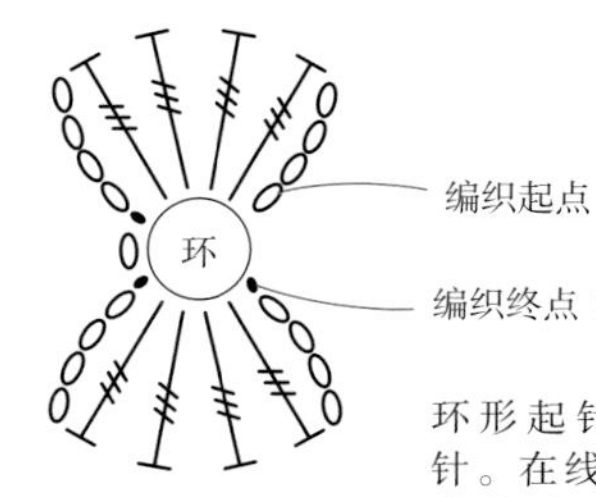

环形起针，立织4针锁针。在线环中钩入4针3卷长针，接着钩4针锁针后在线环中引拔。钩1针锁针，再钩织1个萼片。最后收紧线环。

花朵的组合要领

用14号配色给人造仿真花蕊的蕊头上好色备用。将花艺铁丝剪至大约10cm长。

1 在花朵中心插入对折后的花艺铁丝，再插入上色后的人造仿真花蕊。

2 用油性马克笔给玻璃微珠上色。

3 在 1 人造仿真花蕊的周围涂上黏合剂。

4 将涂了黏合剂的花朵如图所示放入玻璃微珠的容器里，贴上玻璃微珠。

5 花朵部分完成。接下来将留出的长线头缠在花艺铁丝上制作花茎。

花蕾的组合要领

将花艺铁丝剪至大约10cm长。

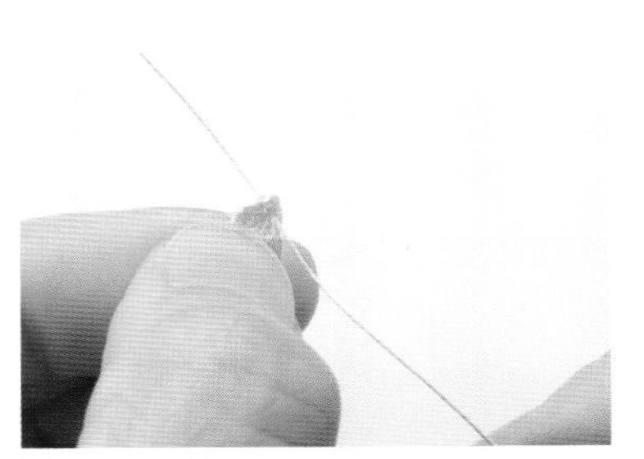

1 在花蕾的根部（第1针锁针里）穿入花艺铁丝。

2 将花艺铁丝对折。

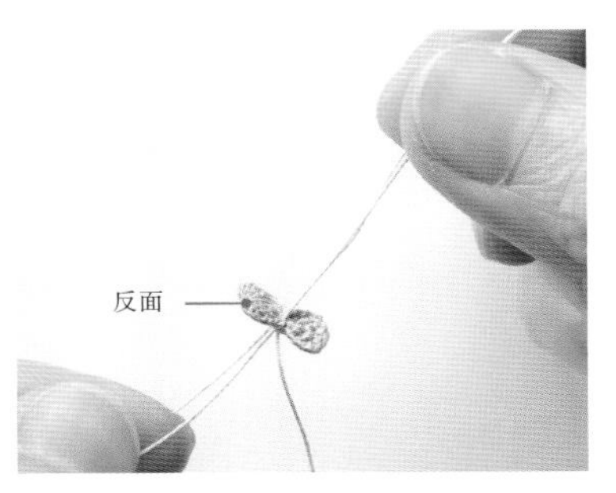

3 将花萼的反面朝上，在中心位置插入 2 的花艺铁丝。

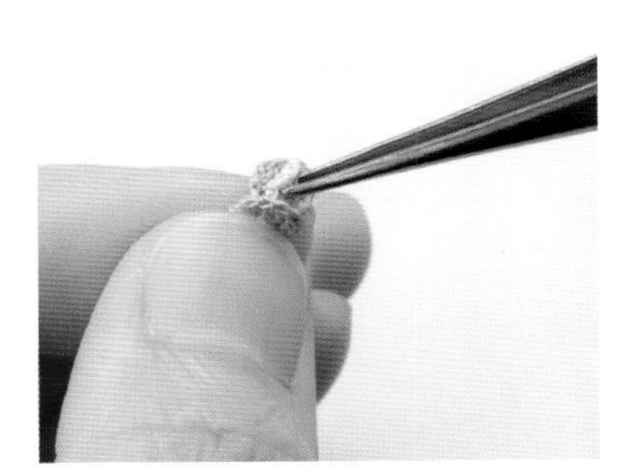

4 用花萼夹住花蕾，调整形状。

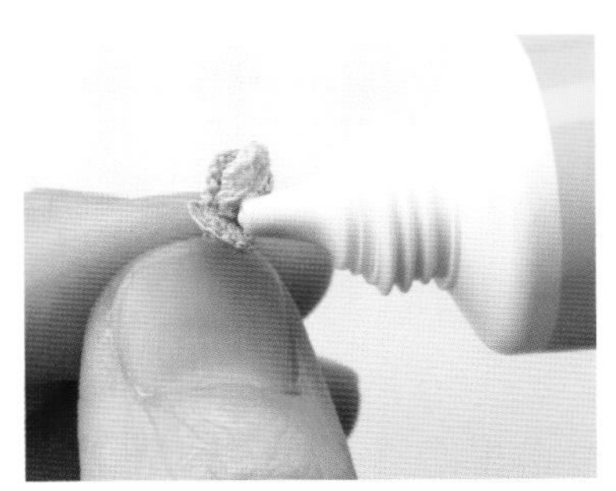

5 在花萼的内侧涂上黏合剂，将其固定在花蕾上。

6 花蕾完成。接下将用留出的长线头缠在花艺铁丝上制作花茎。

春飞蓬

作品图 ——— p.7

成品尺寸　全长约11.5cm

材料

蕾丝线（白色，80号）

纸包花艺铁丝（白色，35号）

活页装订孔保护贴　4片

制作方法

1. 钩织4片花芯，做好线头处理。
2. 钩织2片叶子（大）和3片叶子（小），将编织终点的线留长一点（30cm左右）。
3. 按配色表上色。
4. 制作4朵花，与花芯组合在一起。→p.47
5. 一边缠线一边将花朵和叶子组合在一起。→参照p.36
6. 给花茎上色，处理花茎的末端。→参照p.37
7. 喷上定型喷雾剂，调整叶子的形状。→参照p.43

配色表

花芯	1号
叶子	13号、14号　※随意上色
花茎	14号→15号　※渐变色

编织图解

花芯　4片

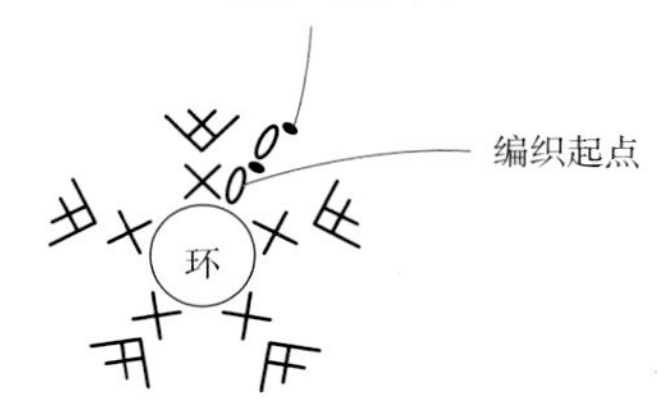

环形起针，钩入5针短针后收紧线环。第2圈在每个针目里钩1针放2针短针的加针。

叶子（大）　2片

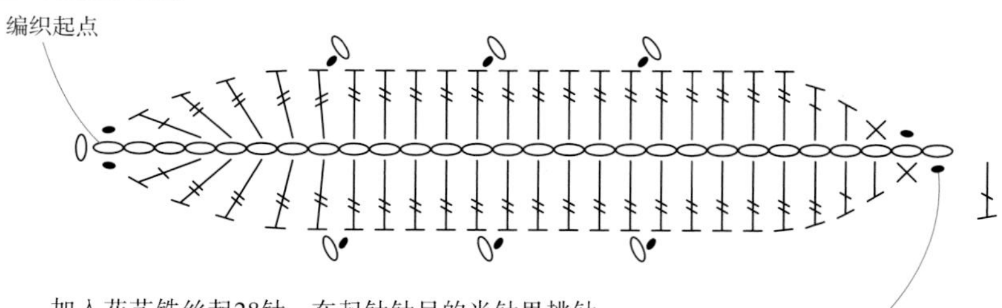

加入花艺铁丝起28针，在起针针目的半针里挑针钩织1行。在编织起点的第1针里钩引拔针，接着钩1针锁针后折弯花艺铁丝。在剩下的半针里挑针钩织另一侧。→参照p.32

叶子（小）　3片

编织起点

编织终点（引拔针）

基础钩织方法与叶子（大）相同。加入花艺铁丝起22针后开始钩织。

花朵的制作方法

※准备／除了用于制作花朵的蕾丝线外，再准备8根长约20cm的蕾丝线、4根长约10cm的35号花艺铁丝、4片活页装订孔保护贴、4片上色后的花芯、1根手缝针。

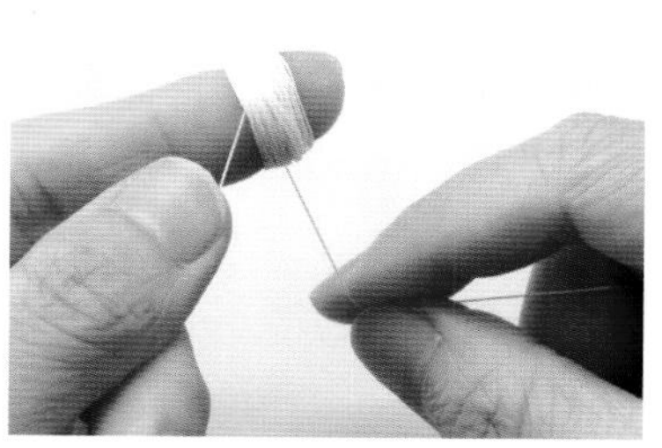

1 在食指上缠绕55圈蕾丝线。

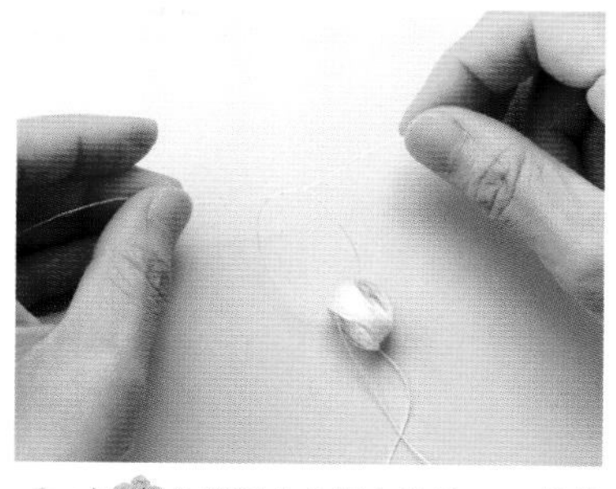

2 在1的线圈中心穿入长约20cm的蕾丝线，打2次死结后顺着所绕的线圈剪掉多余的线。

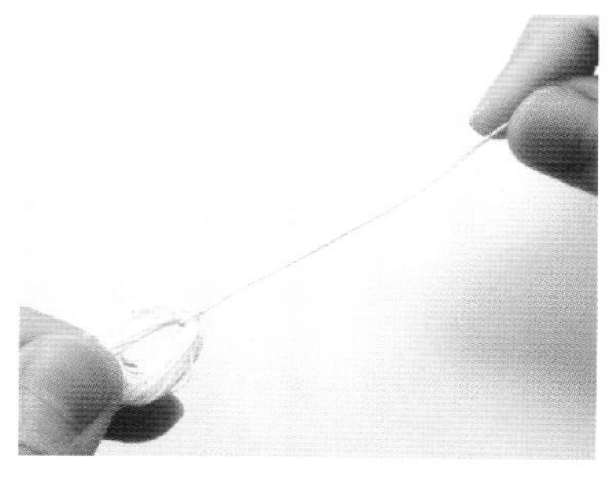

3 穿入花艺铁丝后对折。

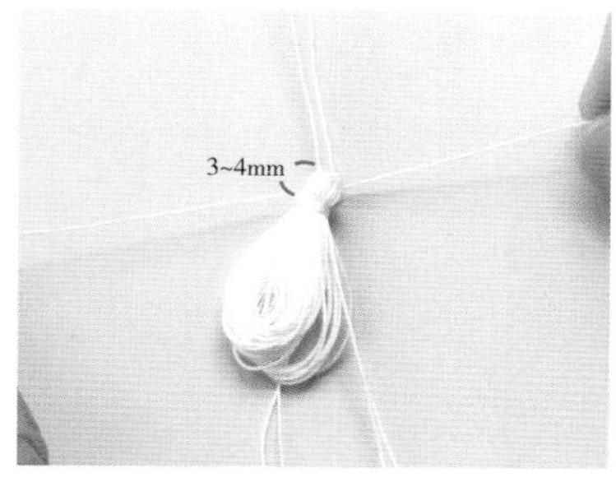

4 在距离穿入铁丝处往下3~4mm位置，用另一根蕾丝线缠绕3圈后打上死结。

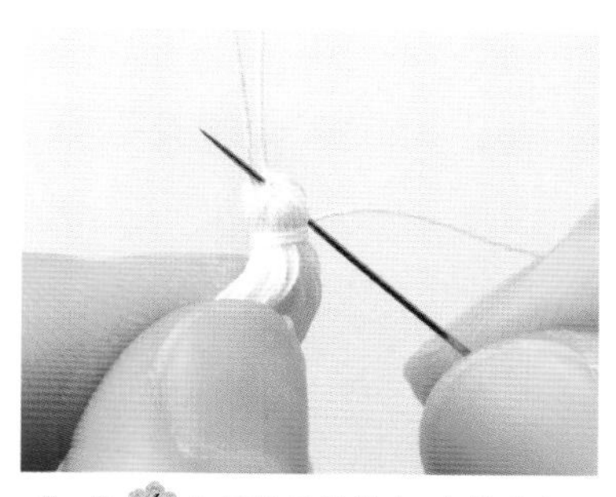

5 将4中打结后的其中1个线头穿入手缝针，从线束中穿出至花艺铁丝一侧。后面就用这根线缠在花艺铁丝上制作花茎。

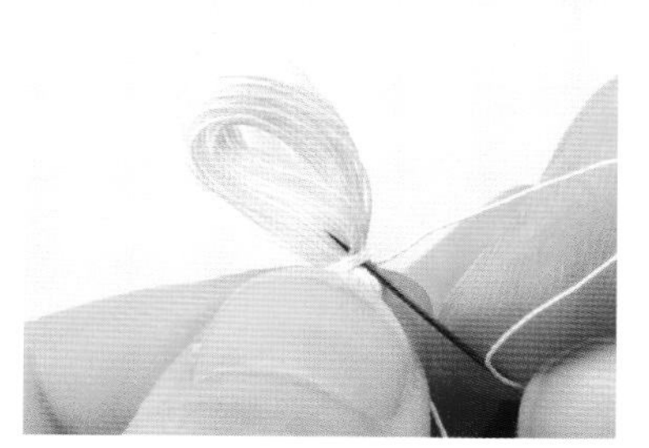

6 接着将另一个线头穿入手缝针，在4缠绕的线圈里穿线后剪断，留出和下方线圈相同的长度。

7 剪开线圈。

8 用手指拨开中心。

9 将活页装订孔保护贴粘贴在8拨开后的中心位置。

10 沿着保护贴的边缘修剪蕾丝线。

11 用镊子轻轻地揭掉保护贴。

12 在花芯的边缘涂上黏合剂，粘贴在11的花朵中心（→p.49）。按相同要领再制作3朵花。

草莓

作品图 ——— p.9

成品尺寸　全长约6.5cm

材料

蕾丝线（白色，80号）

纸包花艺铁丝（白色，35号）

制作方法

1. 一边塞入零碎线头一边钩织2颗果实（大）和1颗果实（小），分别做好线头处理。
2. 分别钩织2片花芯和花朵，做好线头处理。→p.49
3. 钩织3片叶子（大）、6片叶子（小）和5片花萼，分别将编织终点的线留长一点（15cm左右）。
4. 按配色表上色。
5. 分别组合果实、叶子和花朵。→p.49、50
6. 先将花朵和叶子并在一起制作较短的花茎。
7. 接着将果实和剩下的叶子并在一起制作茎部，再与6组合在一起。
8. 给茎部上色，处理茎部的末端。→参照p.37
9. 左右对折叶子，折出折痕后喷上定型喷雾剂，调整形状。→p.50

配色表

果实	17号、18号
花萼	14号
花朵	无须上色
花芯	1号
叶子、茎部	14号　※随意上色

编织图解

果实（大）2颗　编织图解和钩织方法→p.35

果实（小）1颗

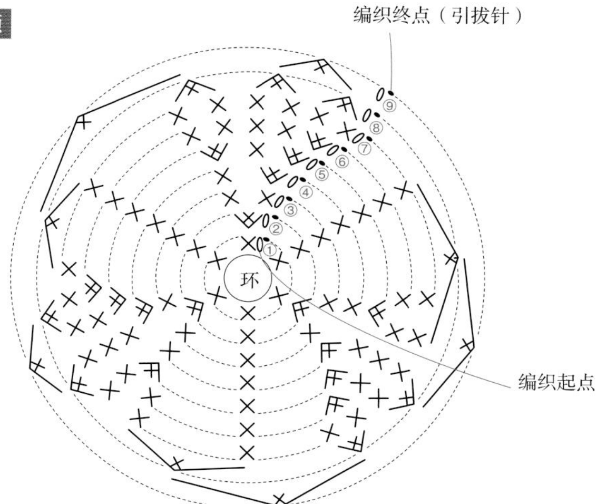

钩织方法基本上与果实（大）相同。环形起针后钩入6针短针，接着一边加、减针一边在中间塞入零碎线头。

叶子（大）3片

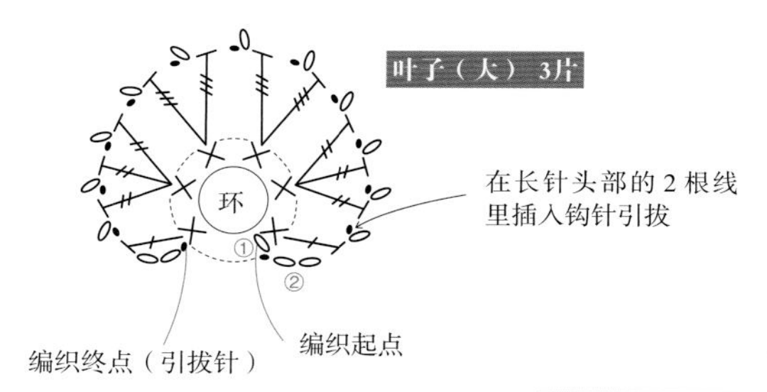

环形起针，钩入6针短针后收紧线环。立织2针锁针后再钩织1圈。

叶子（小）6片

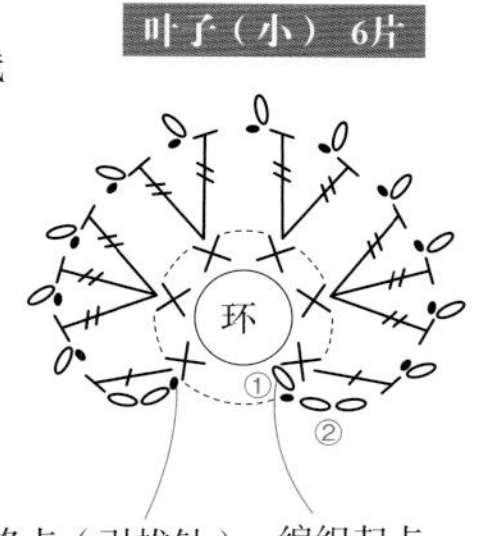

钩织方法基本上与叶子（大）相同。

花芯　2片

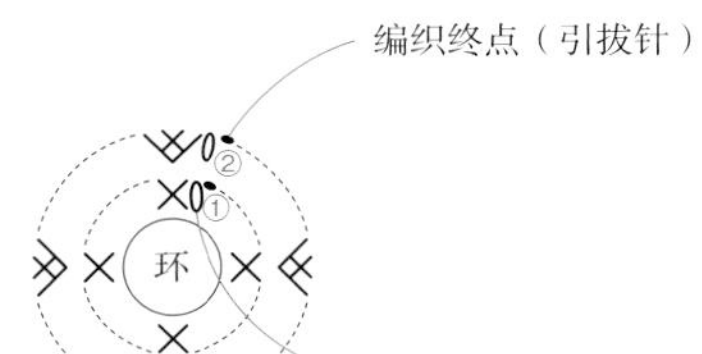

环形起针，钩入4针短针后收紧线环。一边加针一边钩织第2圈。

花萼　5片

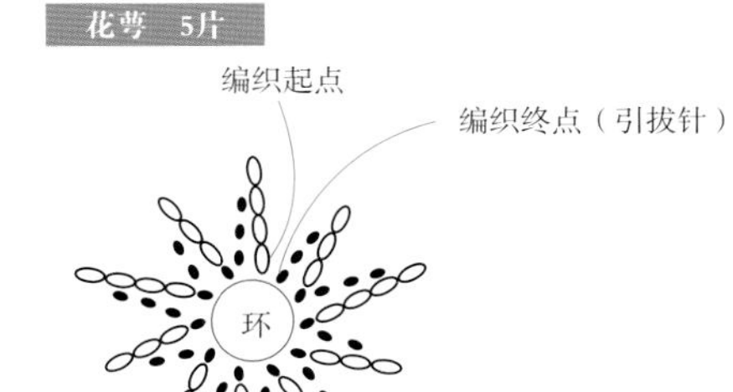

环形起针，立织4针锁针后往回钩引拔针（→p.33）。接着在线环里钩引拔针后立织3针锁针，再往回钩引拔针。重复以上操作，一共钩织10个萼片。

花朵　2片

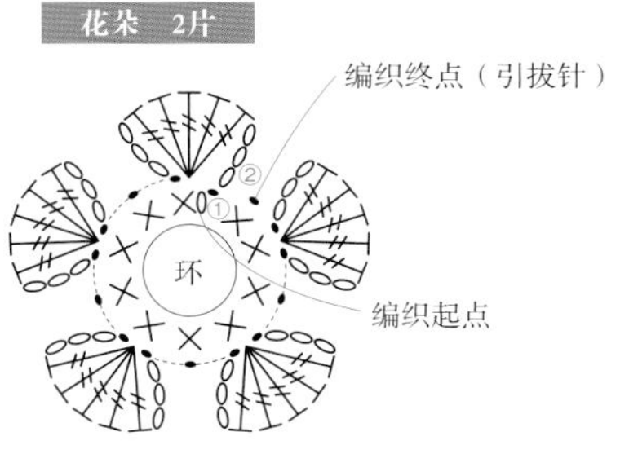

环形起针，钩入10针短针后收紧线环。立织3针锁针，在前面半针里挑针钩织5片花瓣。

花朵的组合要领

※准备／将花艺铁丝剪至10cm长备用。

1 花芯环形起针后钩织2圈。

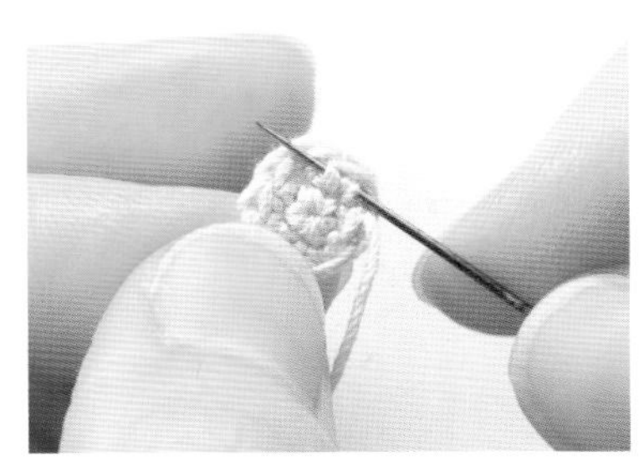

2 将长线头穿入手缝针，穿至反面后做好线头处理。

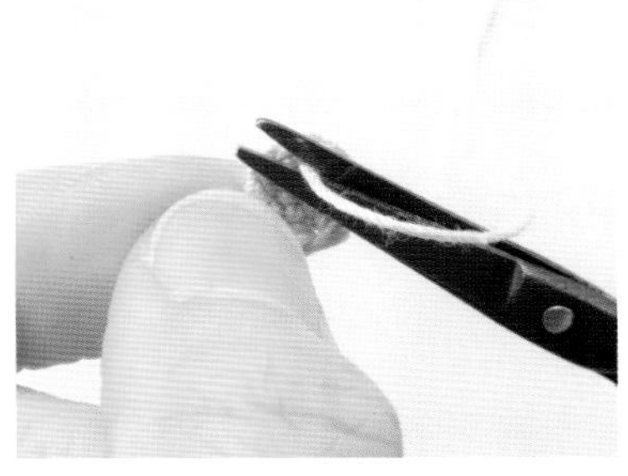

3 剪掉多余的线头，上色。

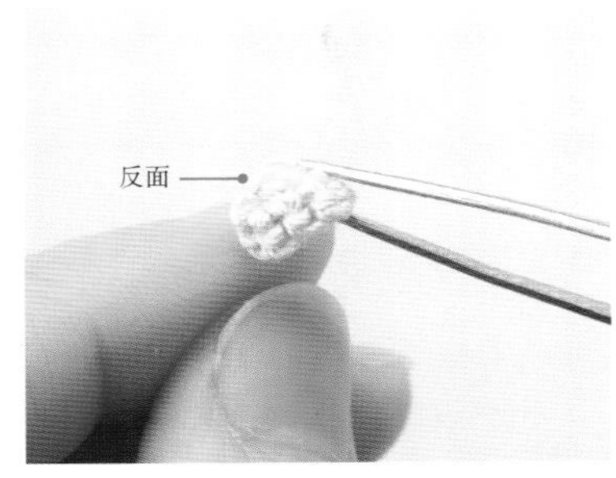

4 将针目的反面用作正面，用镊子调整成半圆形。

5 在花朵中心插入对折后的花艺铁丝。

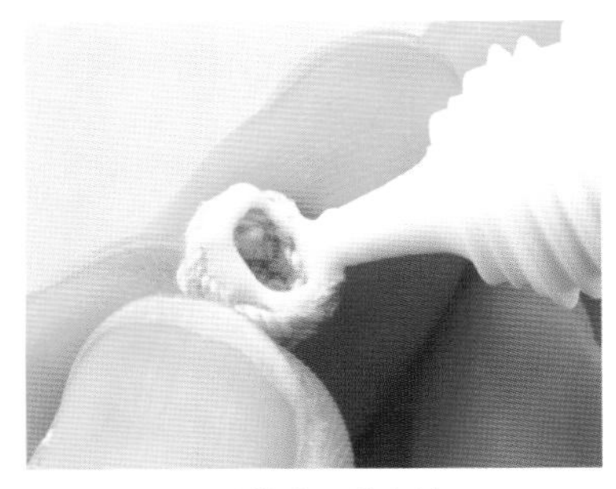

6 在花芯的边缘涂上黏合剂。

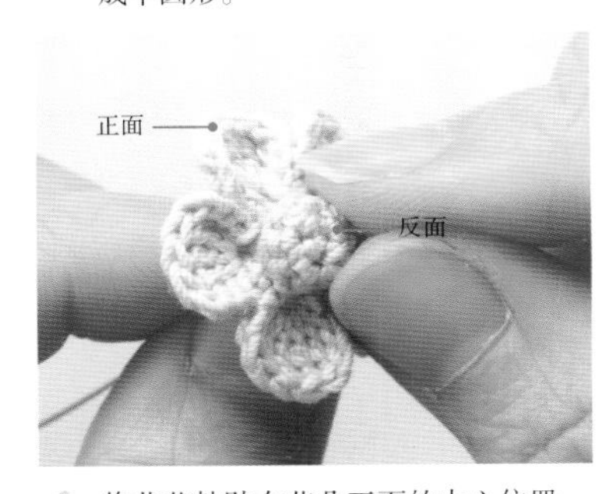

7 将花芯粘贴在花朵正面的中心位置。

8 将花萼反面朝上，在中心位置插入花艺铁丝。用黏合剂将花萼固定在花朵的反面。

9 将花萼的线缠在花艺铁丝上制作花茎。

●为了便于理解，图中使用了与作品不同颜色的粗线。

果实的组合要领

※准备／将花艺铁丝剪至10cm长备用。

1 在草莓果实的顶部穿入花艺铁丝。

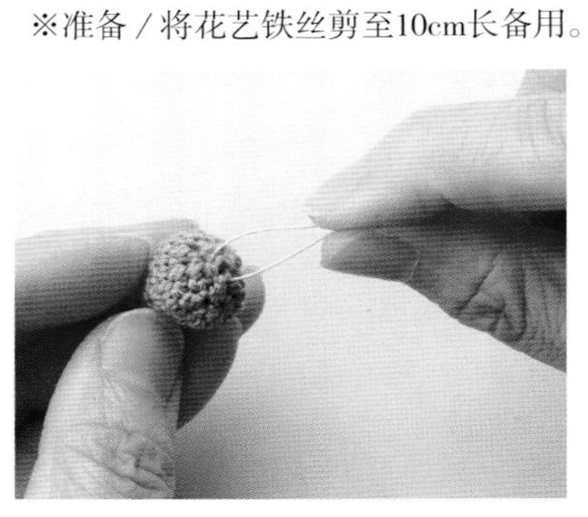

2 在花艺铁丝的中心对折。

3 将花萼反面朝上，在中心位置插入花艺铁丝。

4 涂上黏合剂，将花萼固定在果实上。

5 在花萼的根部涂上黏合剂。

6 将花萼的线缠在花艺铁丝上。

叶子的组合要领

※将花艺铁丝剪至10cm长备用。

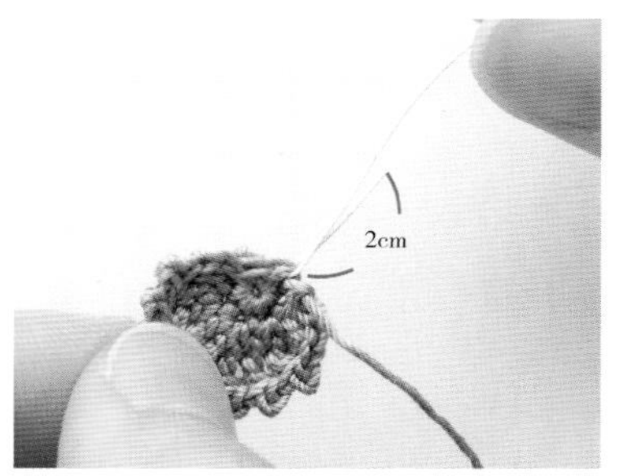

1 在叶子的根部穿入花艺铁丝，在一端约2cm处折弯。

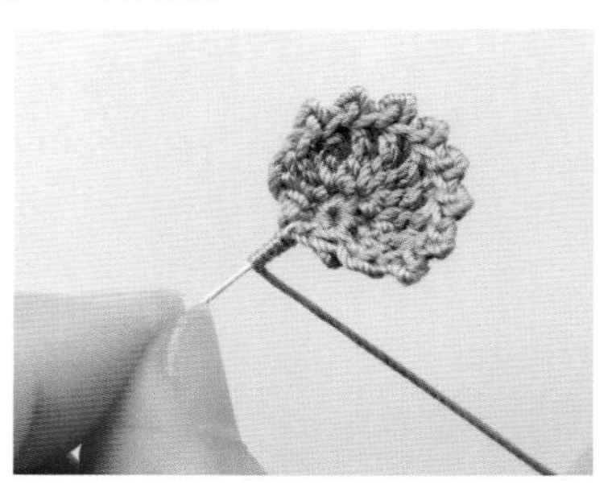

2 在根部涂上黏合剂，用留出的线头缠绕5圈。

3 将1片大叶子和2片小叶子作为一组进行组合。

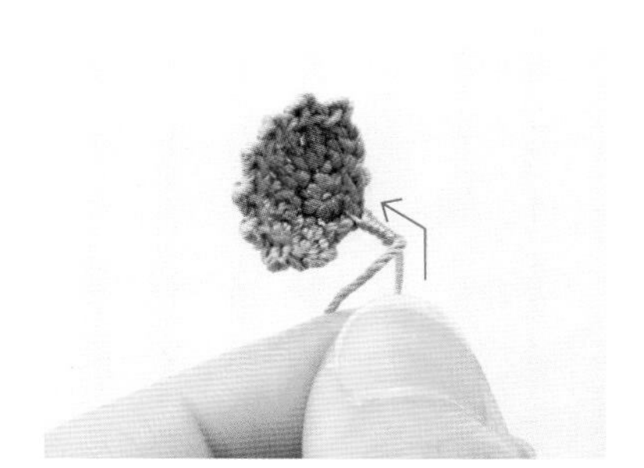

4 将小叶子的花艺铁丝折弯，另一片小叶子朝相反的方向折弯花艺铁丝。

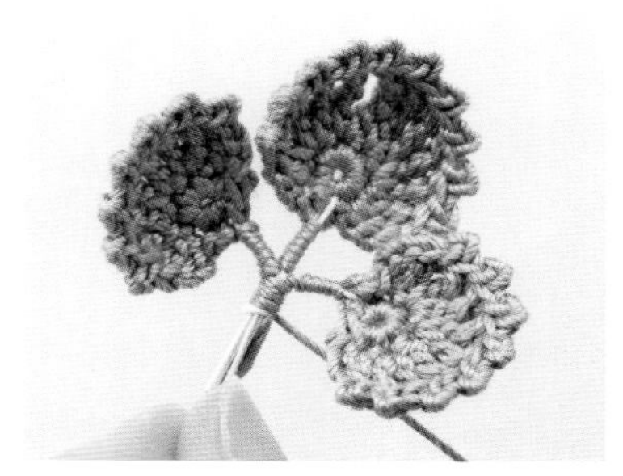

5 将大叶子放在2片小叶子的中间，在根部涂上黏合剂后缠上线。

6 全部组合在一起后，左右对折叶子，折出折痕后喷上定型喷雾剂。

●为了便于理解，图中使用了与作品不同颜色的粗线。

蓝莓

作品图——— p.8

成品尺寸　全长约11cm

材料

蕾丝线（白色，80号）

纸包花艺铁丝（白色，35号）

制作方法

1. 一边塞入零碎线头一边钩织7颗果实（大）和3颗果实（小），分别做好线头处理。
2. 钩织4片叶子（大）、2片叶子（中）和4片叶子（小），分别将编织终点的线留长一点（15cm左右）。
3. 按配色表上色。
4. 分别组合大小不同的果实和叶子，制作短分枝备用。
5. 将4的分枝并在一起，制作茎部。
6. 给茎部上色，处理茎部的末端。→参照p.37
7. 叶子左右对折，折出折痕后喷上定型喷雾剂，调整形状。

配色表

果实	大：9号，小：6号、7号　※随意上色
叶子	13号、14号　※随意上色
茎部	15号→16号　※渐变色

编织图解

果实（大）　7颗

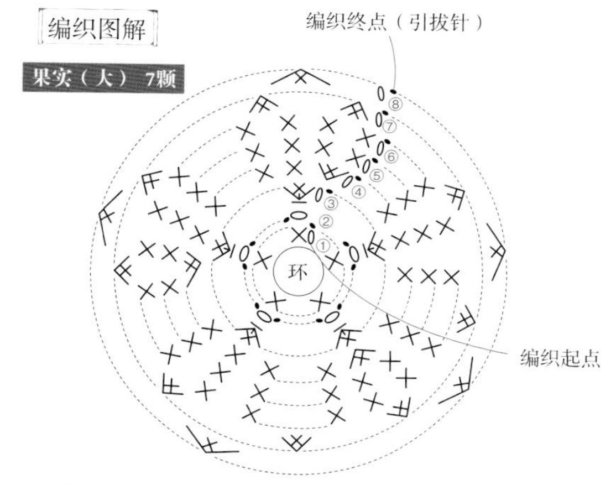

环形起针，钩入5针短针后收紧线环。第2圈在前一圈的前面半针里钩锁针和引拔针，第3圈在前一圈的后面半针里钩1针放3针短针。接下来按与草莓相同要领钩织，一边加、减针一边塞入零碎线头。→参照p.35

果实（小）　3颗

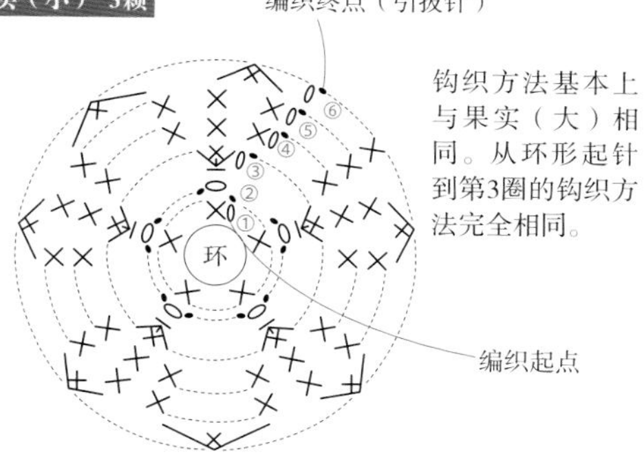

钩织方法基本上与果实（大）相同。从环形起针到第3圈的钩织方法完全相同。

叶子（大）　4片

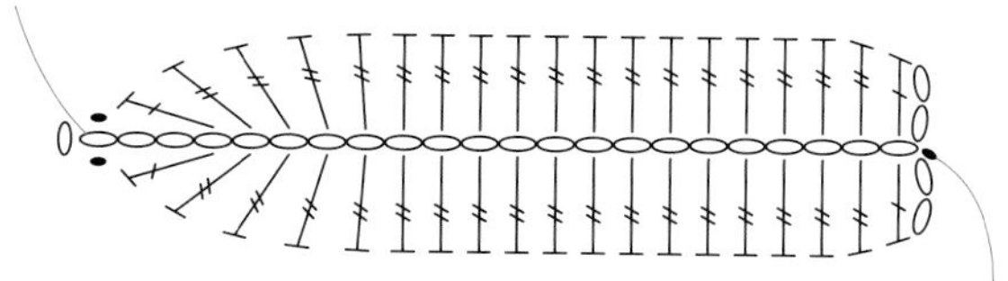

叶子（中）　2片

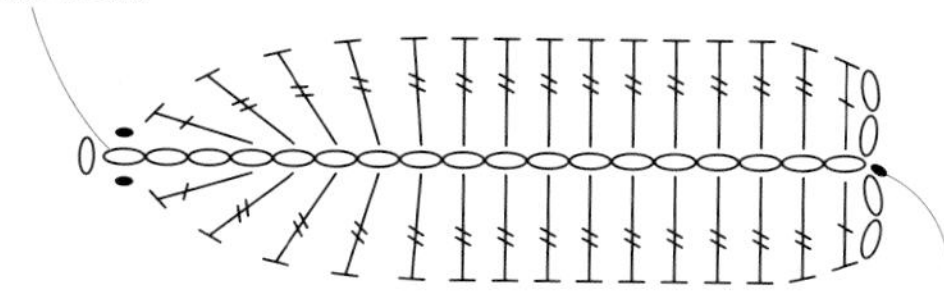

叶子（小）　4片

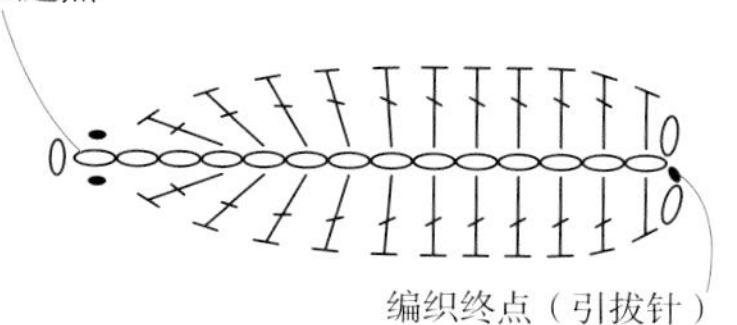

加入花艺铁丝起针，叶子（大）起22针，叶子（中）起18针，叶子（小）起14针。在起针针目的半针里挑针钩织1行后，折弯花艺铁丝，在剩下的半针里挑针钩织另一侧。→参照p.32

木兰花

作品图 ——— p.10

成品尺寸　全长约12cm

材料

蕾丝线（白色，80号）

纸包花艺铁丝（白色，35号）

制作方法

1. 钩织花朵，做好线头处理。→p.53
2. 加入花艺铁丝钩织叶子，分别将编织终点的线留长一点（30cm左右）。
3. 按配色表上色。
4. 制作花茎上的结节。→p.53
5. 每2片叶子缠在一起备用。
6. 给花朵加上花萼，将花萼的线缠在花艺铁丝上制作花茎。中途加入结节和5的叶子组合在一起。
7. 给花茎上色，处理花茎的末端。→参照p.37
8. 喷上定型喷雾剂，调整形状。

配色表

花朵	4号
叶子	14号、15号　※随意上色
花茎	15号→16号　※渐变色

编织图解

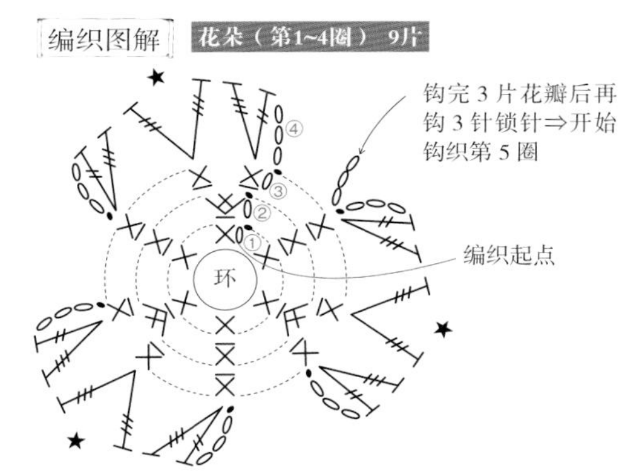

环形起针，钩入6针短针后收紧线环。第2~3圈在前一圈针目的前面半针里插入钩针钩织。第4圈钩织3片花瓣后，立织3针锁针，继续钩织第5圈。将花朵翻至反面。

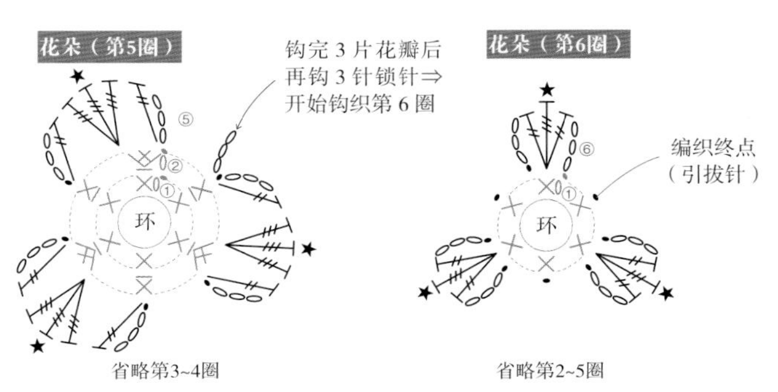

在花朵反面第2圈的半针里插入钩针，钩织3片花瓣。立织3针锁针，继续钩织第6圈。

在第1圈的半针里插入钩针，钩织3片花瓣。

花蕾（第1~3圈）1片

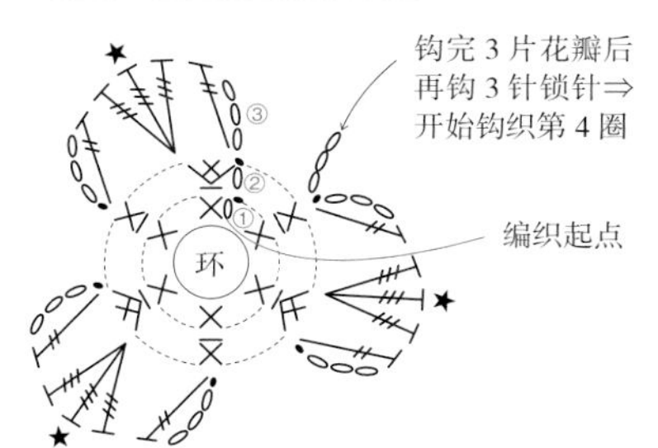

环形起针，钩入6针短针后收紧线环。第2圈在前一圈针目的后面半针里插入钩针钩织。第3圈钩织3片花瓣后，立织3针锁针，继续钩织第4圈。

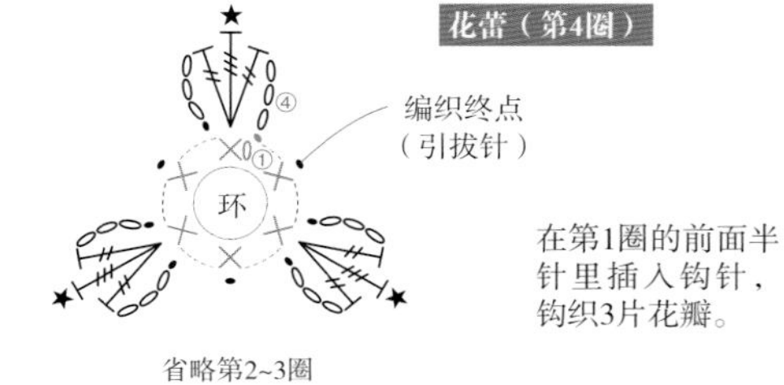

在第1圈的前面半针里插入钩针，钩织3片花瓣。

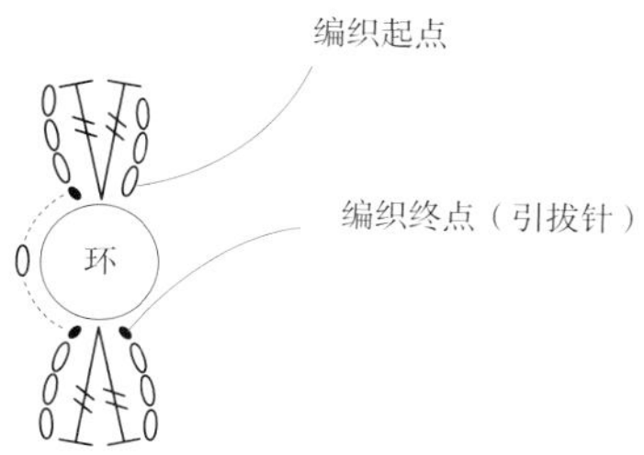

环形起针，立织3针锁针。在线环里钩入2针长长针，再钩3针锁针后在线环里引拔。接着钩1针锁针，按相同要领再钩织1个萼片。

叶子　6片

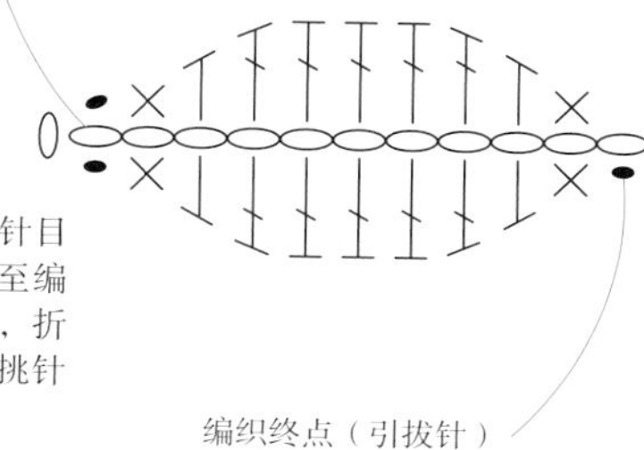

加入花艺铁丝起11针，在起针针目的半针里挑针钩织1行。钩织至编织起点的针目后，钩1针锁针，折弯花艺铁丝。在剩下的半针里挑针钩织另一侧。→参照p.32

花朵的钩织要领

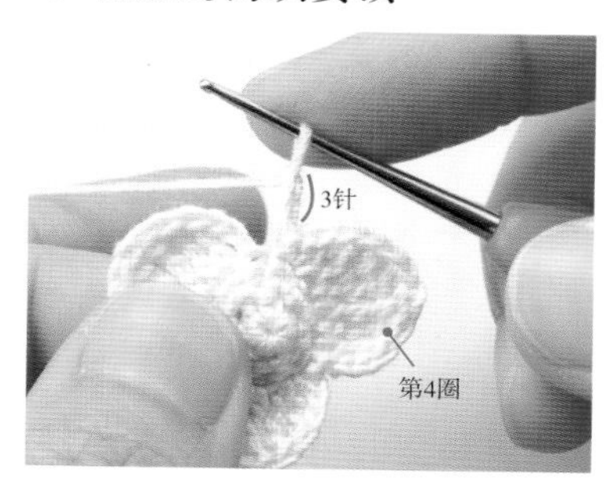

1 第4圈钩完3片花瓣后立织3针锁针。

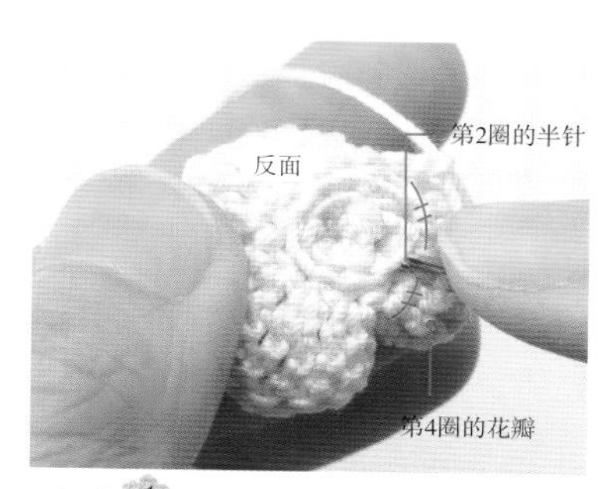

2 将 1 的花片翻至反面，在第4圈花瓣的中心位置所对应的第2圈的半针里插入钩针。

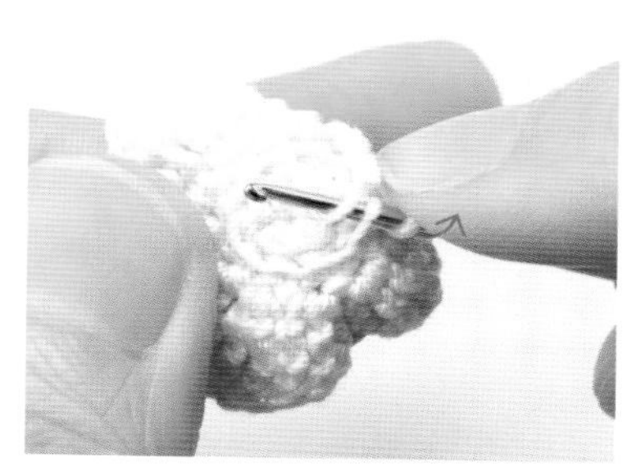

3 针头挂线后引拔，从这里开始钩织第5圈的3片花瓣。

4 第6圈是在第5圈花瓣的中心位置所对应的第1圈的半针里插入钩针钩织。第6圈完成后的状态。

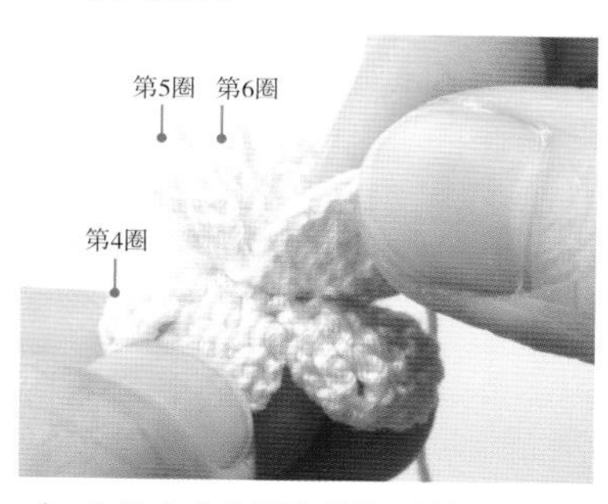

5 钩织完成后调整形状，使第6圈的花瓣位于内侧，花瓣呈相互重叠状态。

6 木兰花的花朵钩织完成。

花茎上结节的制作方法

※准备／将花艺铁丝剪至3~4cm长备用。

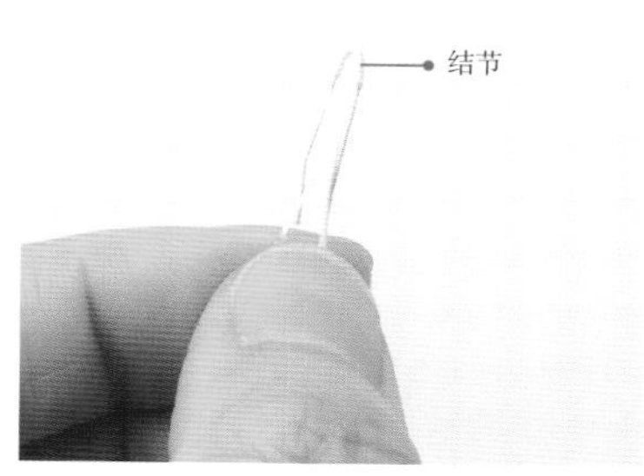

1 在花艺铁丝的中间涂上黏合剂，缠上1cm的线后在中心对折。

2 在制作花茎的中途并入 1 的结节，涂上黏合剂后继续缠线。

3 在结节位置将枝条稍稍折弯。

●为了便于理解，图中使用了与作品不同颜色的粗线。

花毛茛

作品图 ——— p.11

成品尺寸　全长7.5~8cm

材料

蕾丝线（白色，80号）

纸包花艺铁丝（白色，35号）

制作方法

1. 钩织花朵（中心）、花片（A）或者（B）、花瓣1~3（B：1~4）。
2. 钩织花萼，将编织终点的线留长一点（50cm左右）。→参照p.33
3. 叶子（大）和叶子（小）各钩1片，做好线头处理。→参照p.34
4. 按配色表上色。
5. 组合花朵。→p.55
6. 将花萼的线一边缠在花艺铁丝上一边与叶子组合在一起。→参照p.59
7. 给花茎上色，处理花茎的末端。→参照p.37
8. 喷上定型喷雾剂，调整形状。

配色表

花朵	A：1号、14号（中心），B：7号、14号（中心）
叶子	13号、14号　※随意上色
花茎	13号、14号

编织图解

花朵(中心) 1片

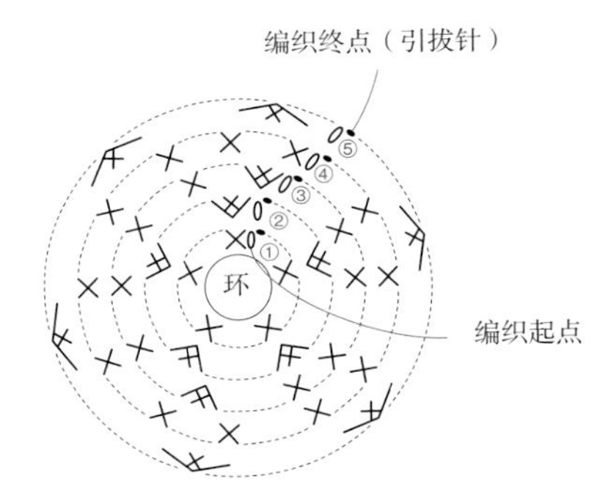

环形起针，钩入5针短针后收紧线环。第2~3圈一边加针一边钩织。第4圈无须加、减针，塞入零碎线头。第5圈钩2针短针并1针做减针。

花片(B) 1片

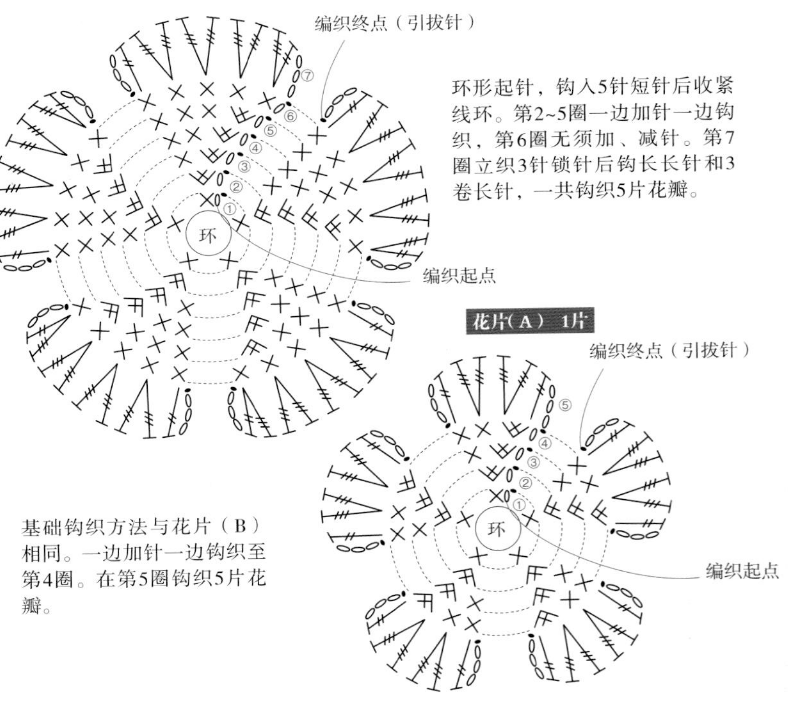

环形起针，钩入5针短针后收紧线环。第2~5圈一边加针一边钩织，第6圈无须加、减针。第7圈立织3针锁针后钩长长针和3卷长针，一共钩织5片花瓣。

花片(A) 1片

基础钩织方法与花片（B）相同。一边加针一边钩织至第4圈。在第5圈钩织5片花瓣。

花瓣1　1片

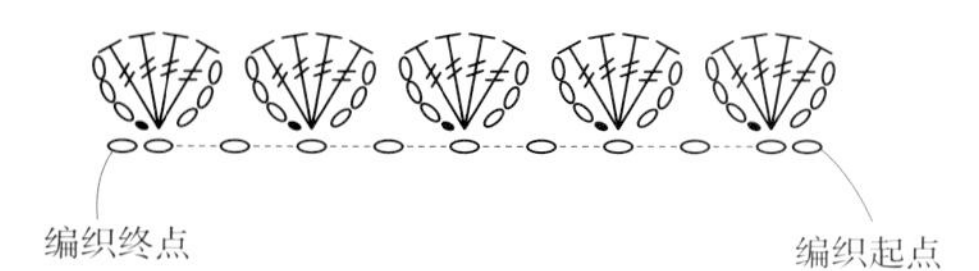

钩2针锁针后立织3针锁针，在第2针锁针里钩入4针长长针。接着钩3针锁针，在长长针同一个针目里引拔。每隔1针锁针，再钩织4片花瓣。
※小窍门是钩入花瓣的锁针要钩得松一点。

花瓣2　1片

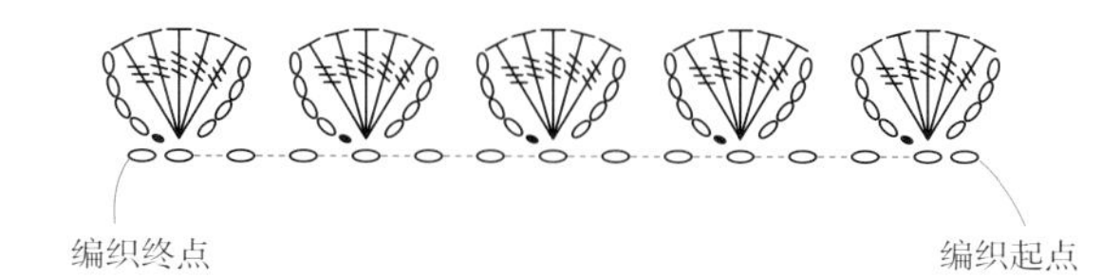

每隔2针锁针钩入5针的3卷长针，一共钩织5片花瓣。

花瓣3　1片

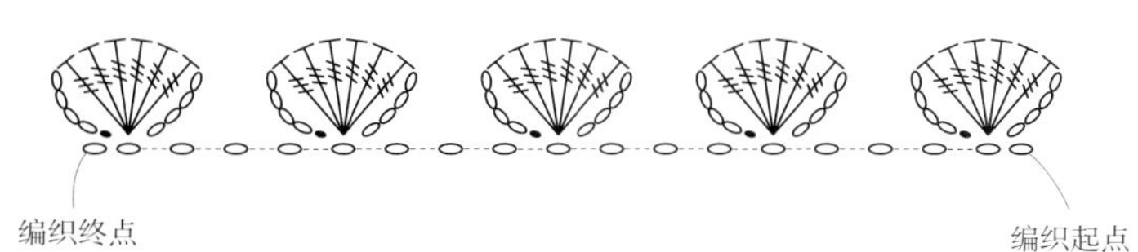

每隔3针锁针钩入5针的3卷长针，一共钩织5片花瓣。

花瓣4　1片（A不需要）

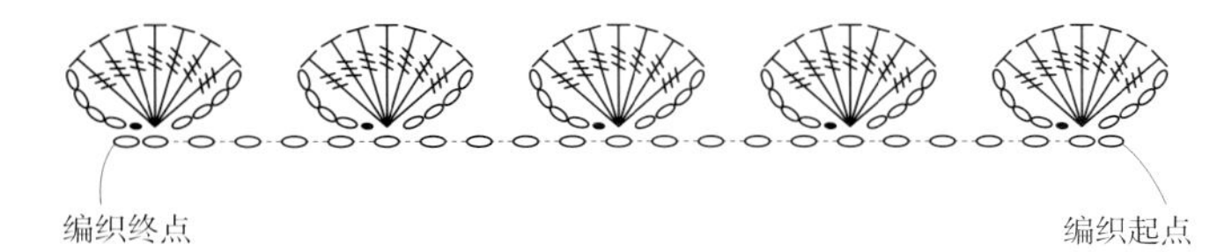

每隔4针锁针钩入7针的3卷长针，一共钩织5片花瓣。

花萼　1片

环

编织起点

编织终点（引拔针）

环形起针，立织5针锁针，接着往回在锁针里钩引拔针和短针，然后在线环里引拔。重复以上操作，一共钩织5个萼片。

叶子（大、小）各1片

编织起点

编织终点（引拔针）

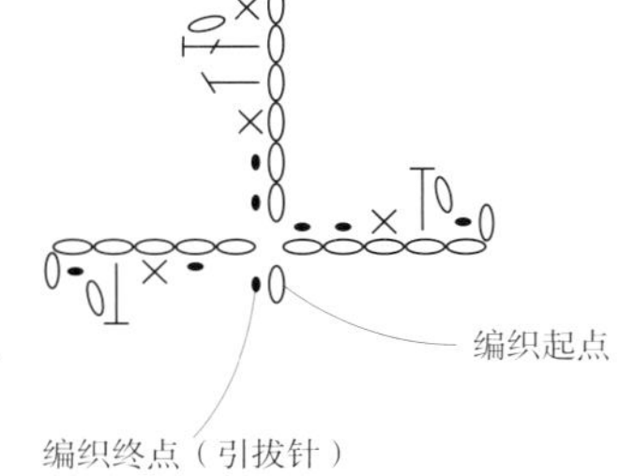

一边钩锁针，一边像一笔写成的一样钩织5片小叶和3片小叶组成的复叶。→参照p.34

花朵的组合要领

※将花艺铁丝剪至20cm长备用。

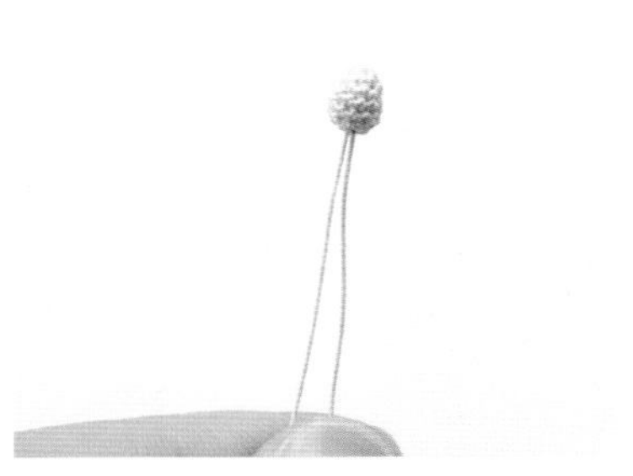

1 在花朵（中心）的下端穿入花艺铁丝后对折。

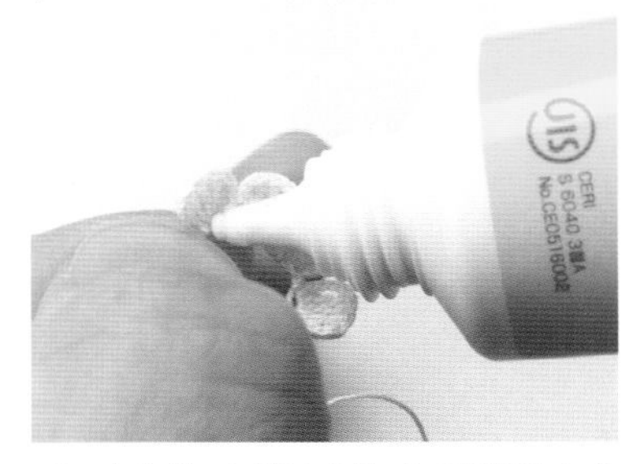

2 在花瓣1左端的花瓣正面根部涂上黏合剂。

3 粘贴在 1 的花朵（中心）上。

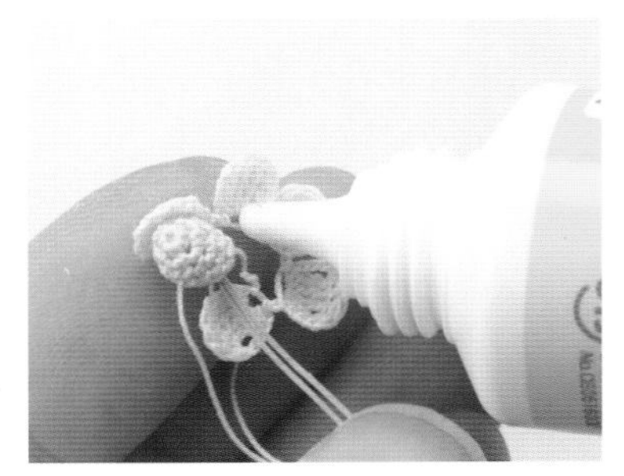

4 在左边第2片花瓣的根部涂上黏合剂。

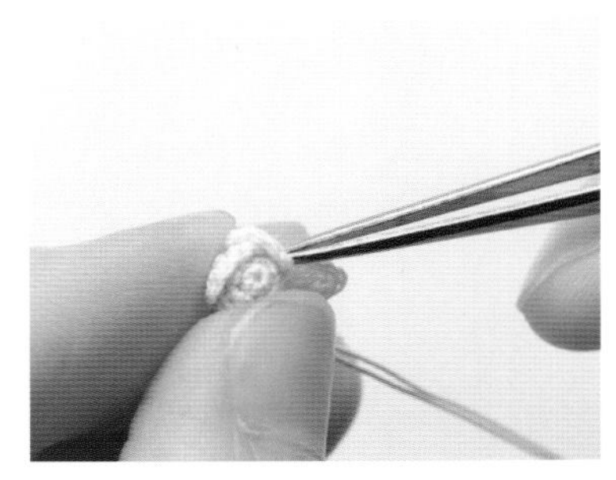

5 将其粘贴在花朵（中心）上，与第1片花瓣稍稍重叠。使用镊子操作起来更加方便。

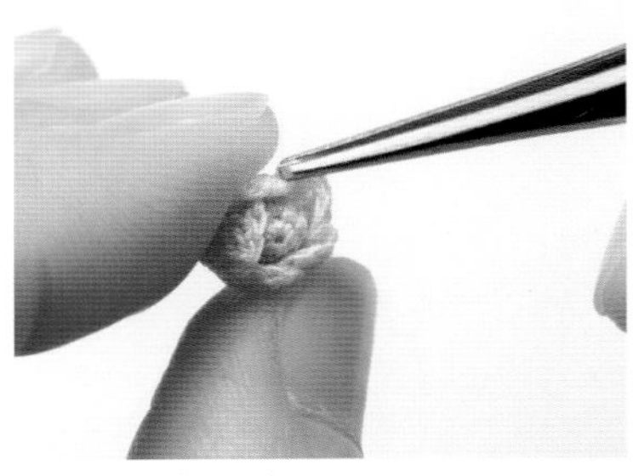

6 重复 4 、 5 ，将5片花瓣依次粘贴在花朵（中心）上。

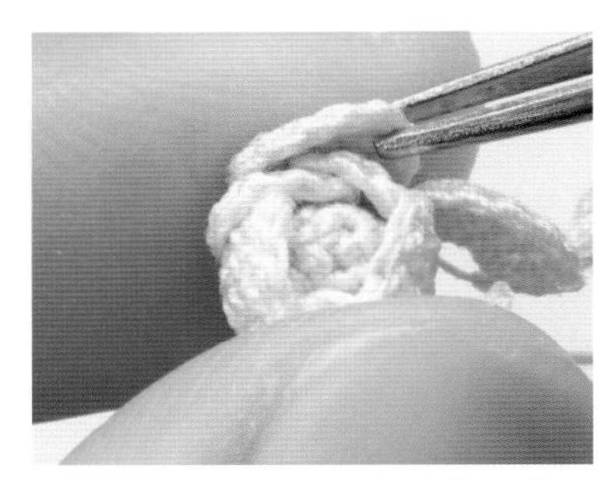

7 花瓣2~4（A：2~3）也按 2 ~ 6 相同要领粘贴。

8 花瓣4粘贴完成后的状态。

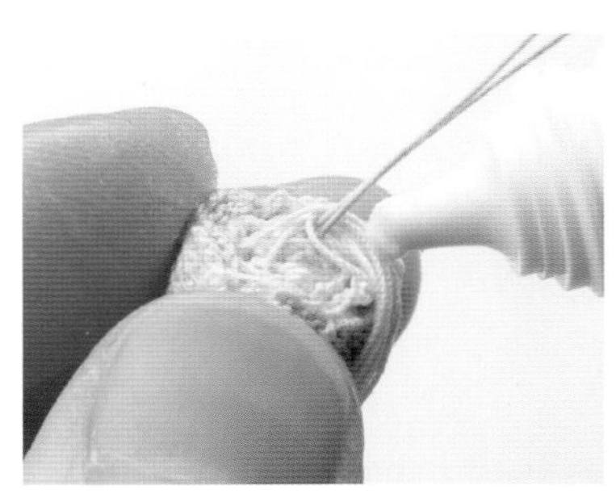

9 用黏合剂固定花朵（中心）下端的线头。

10 剪掉所有多余的线头。

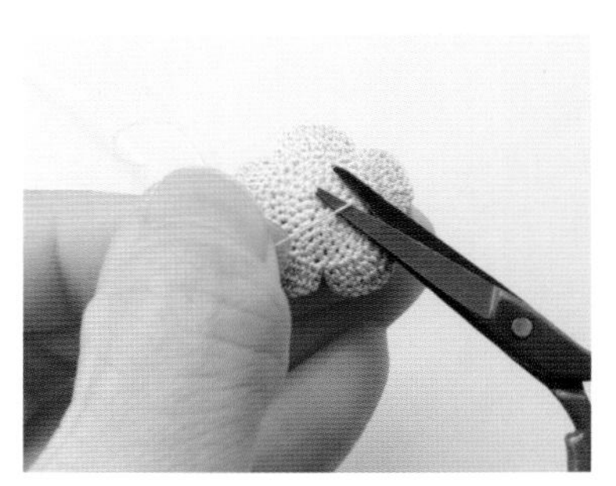

11 花片（A）或花片（B）的编织终点做好线头处理后剪掉线头。

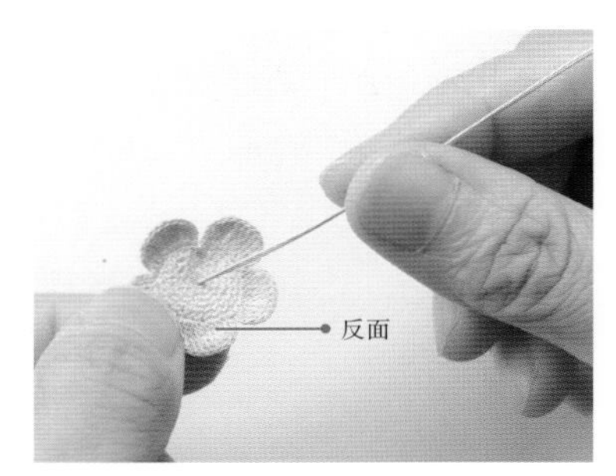

12 将花片（A）或花片（B）反面朝上，在中心位置插入 10 中的花艺铁丝。

13 在花片的根部涂上黏合剂。

14 粘贴固定。

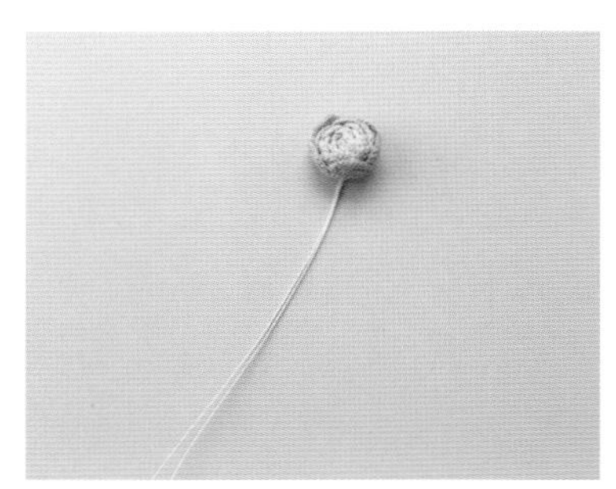

15 花朵完成。接下来，加上花萼，再将花萼的线缠在花艺铁丝上制作花茎。

金合欢

作品图 ——— p.10

成品尺寸　全长约10cm

材料

蕾丝线（白色，80号）

纸包花艺铁丝（白色，35号）

制作方法

1. 钩织花朵，将编织起点的线头塞在里面，编织终点的线留长一点（15cm左右）。
2. 加入花艺铁丝钩织叶子，将编织终点的线留长一点（20~30cm）。
3. 按配色表上色。
4. 在花朵的下端穿入花艺铁丝，涂上黏合剂，将花朵留出的线头缠上1cm左右制作茎部。按相同要领制作全部的花朵。
5. 将4中完成的花朵按5~12朵的数量并在一起制作分枝。
6. 将5的分枝和叶子全部组合在一起。→参照p.36
7. 给花茎上色，处理花茎的末端。→参照p.37
8. 喷上定型喷雾剂，调整形状。

配色表

花朵	1号
叶子	13号、14号　※随意上色
花茎	14号→15号　※渐变色

编织图解

花朵A　13片，B　22片

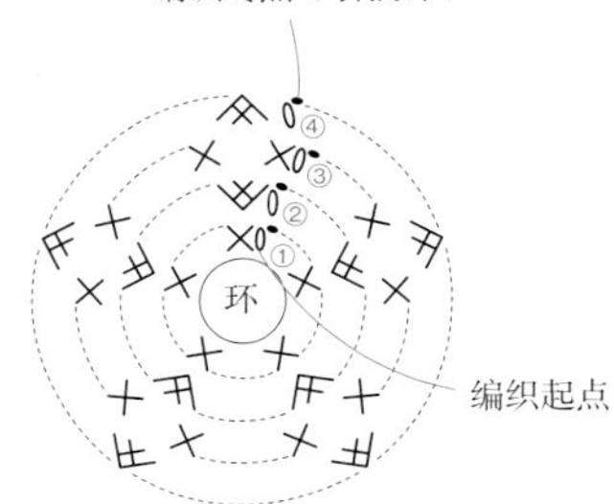

环形起针，钩入5针短针后收紧线环。第2圈一边加针一边钩织，第3圈无须加、减针。第4圈钩2针短针并1针，一边塞入零碎线头一边减针，钩织成小圆球的形状。→参照p.35

叶子A（柳叶形）　13片

加入花艺铁丝起15针，立织1针锁针后在起针针目的半针里挑针钩织1行。→参照p.32

叶子B（羽状复叶）　5片

编织起点

编织终点（引拔针）

加入花艺铁丝起20针锁针。立织5针锁针，往回在立织的锁针里钩引拔针，再在下一个起针针目里引拔。重复以上操作钩织1行后，折弯花艺铁丝，在剩下的半针里挑针钩织另一侧。→参照p.32

芍药

作品图 ——— p.11
成品尺寸　全长约9.5cm

材料

蕾丝线（白色，80号）
纸包花艺铁丝（白色，35号）
人造仿真花蕊（极小，黄色）…12根

制作方法

1. 钩织花朵，做好线头处理，用烫花器烫压塑形。→参照下图
2. 钩织花萼，将编织终点的线留长一点（50cm左右）。
3. 钩织叶子（大）（小）各1片，将编织终点的线留长一点（15cm左右）。→p.34
4. 按配色表上色。
5. 组合花朵，加上花萼。→p.59
6. 按叶子（小）（大）的顺序与花朵组合在一起。→p.59
7. 给花茎上色，处理花茎的末端。→参照p.37
8. 粘贴人造仿真花蕊。→p.59

配色表

花	A：5号　B：4号　※B的花瓣边缘留白不上色。
叶片	13号、14号　※随意上色。
花茎	13号、14号

编织图解

花朵　1片　→编织图解和钩织方法→p.29

钩织完成后，用烫花器从正面烫压出弧度。

花萼　1片

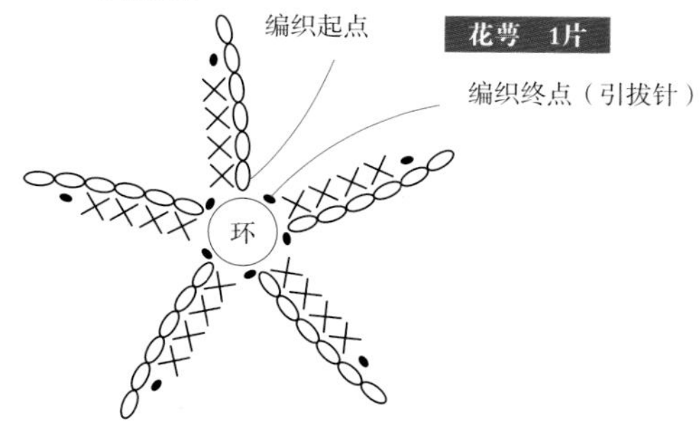

环形起针，立织6针锁针，往回在立织的锁针里钩引拔针和短针，然后在线环中引拔。按相同要领再钩织4个萼片，最后收紧线环。→参照p.33

叶子（大）　编织图解和钩织方法→p.34

叶子（小）

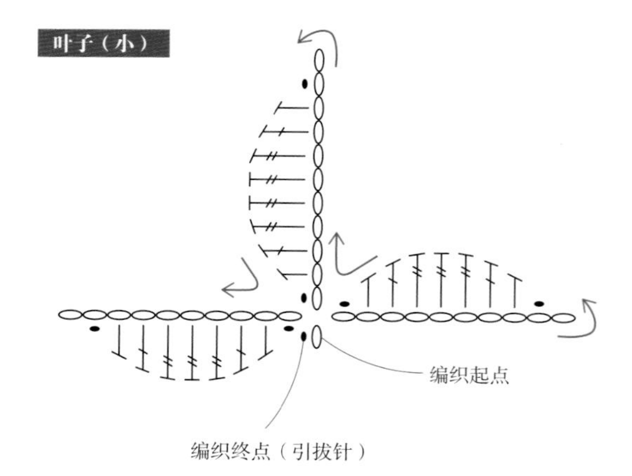

钩织方法基本上与叶子（大）相同。如一笔写成的一样钩织3片小叶组成的复叶。

整体的组合要领

※准备 / 将花艺铁丝剪至大约20cm长。

1 用烫花器将花朵烫压出弧度后，在中心插入对折后的花艺铁丝。

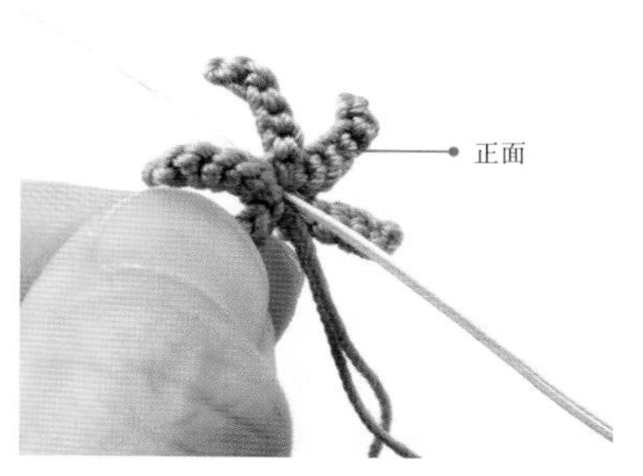

2 将花萼的反面朝上，在中心位置插入 1 的花艺铁丝。

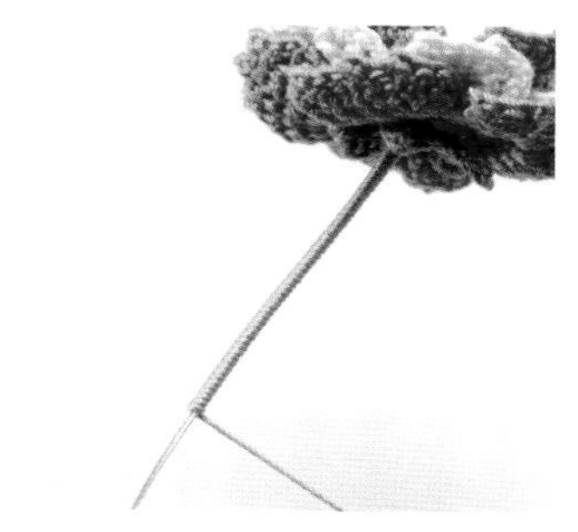

3 一边涂上黏合剂，一边将花萼的线缠在花艺铁丝上。

4 在花萼往下约1.5cm处将叶子（小）缠在一起。

5 在叶子（小）往下约2cm处将叶子（大）缠在一起，注意与叶子（小）呈90° 角。

6 将人造仿真花蕊对半剪开，对齐蕊头合并在一起。

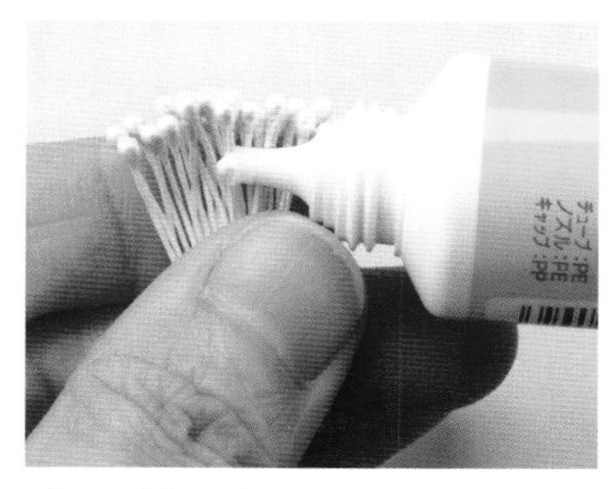

7 在手指上将花蕊摊开，在距离蕊头2~3mm处涂上黏合剂。

8 将花蕊合拢成一束，用力捏紧涂有黏合剂的部分。

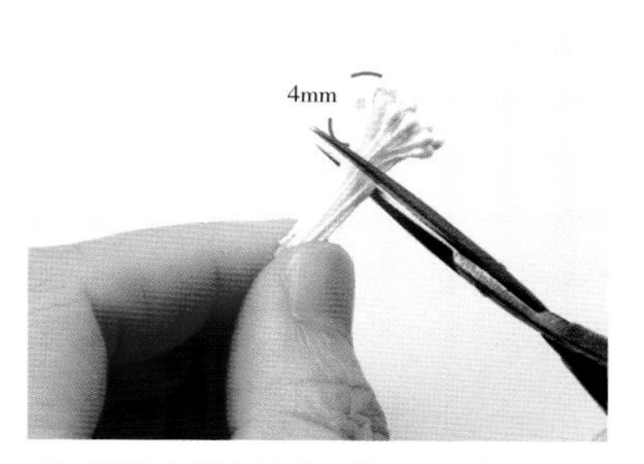

9 等黏合剂变干后，剪至4mm长。

10 在花朵正面的中心位置涂上黏合剂。

11 粘贴 9 中的花蕊。

12 一枝芍药就完成了。

●为了便于理解，图中使用了与作品不同颜色的粗线。

黑种草

作品图 ——— p.11

成品尺寸　全长约10cm

材料

蕾丝线（白色，80号）

纸包花艺铁丝（白色，35号）

人造仿真花蕊（蕊头直径2mm）…每朵花半根

玻璃微珠…少量

制作方法

1. 钩织花朵，将编织终点的线留长一点（40~45cm），将线头穿至花朵的下侧。
2. 钩织苞叶。→p.61
3. 按配色表上色。
4. 将人造仿真花蕊对半剪开，按花茎相同颜色上色。
5. 用油性马克笔将玻璃微珠染成绿色。→参照p.45
6. 将花艺铁丝对折后插入花朵中心，再插入人造仿真花蕊。→参照p.45
7. 在花蕊的周围涂上黏合剂，粘贴玻璃微珠。→参照p.45
8. 用花朵留出的线缠在花艺铁丝上制作花茎，也将苞叶缠在一起。
9. 给花茎上色，处理花茎的末端。→参照p.37
10. 喷上定型喷雾剂，调整形状。

配色表

花朵	A：6号　※稍浅　B：10号
苞叶	13号
花茎	13号、14号　※随意上色

编织图解

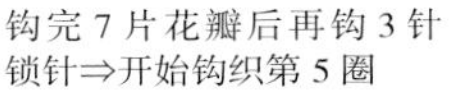

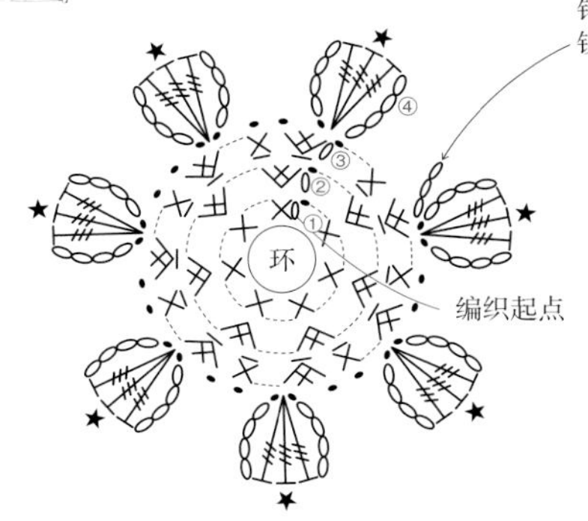

花朵（第1~4圈）　1片

环形起针，钩入7针短针后收紧线环。第3圈在后面半针里挑针，一边加针一边钩织。第4圈立织4针锁针，在后面半针里挑针钩3卷长针和★（→p.28）。一共钩织7片花瓣后，立织3针锁针，继续钩织第5圈。

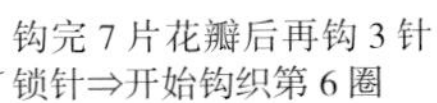

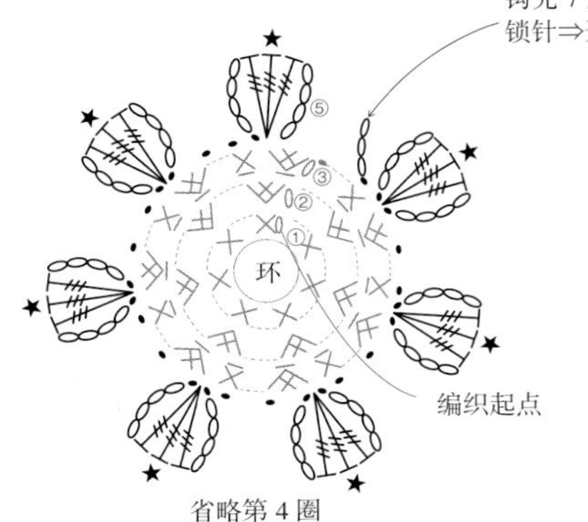

花朵（第5圈）

在第3圈的前面半针里挑针，钩织7片花瓣后立织3针锁针，继续钩织第6圈。

省略第 3~5 圈

花朵（第6圈）

在第2圈的前面半针里挑针钩织7片花瓣。

苞叶的制作方法　※准备／12根10cm长的蕾丝线。

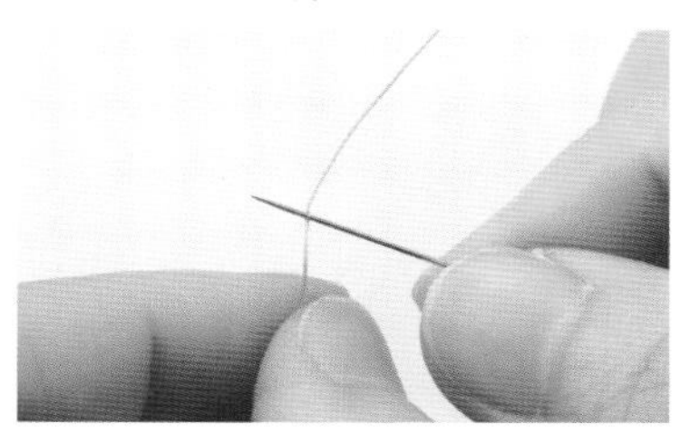

1 用手缝针插入线的中心。

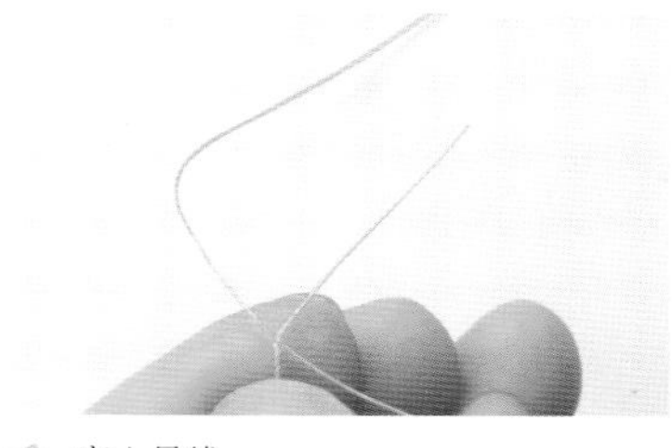

2 穿入另线。

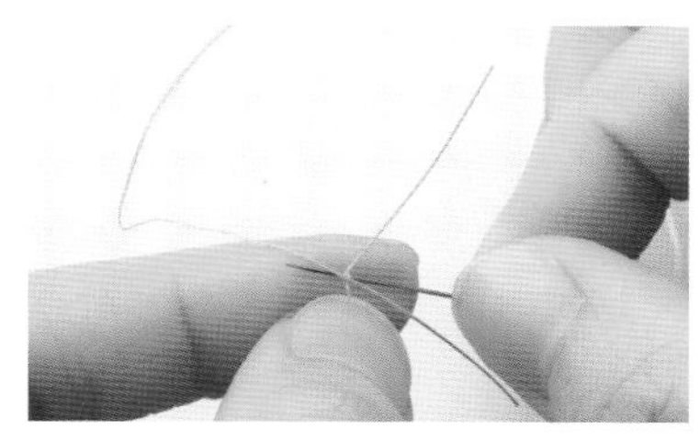

3 再次在同一个地方插入手缝针穿线，轻轻地拉动线进行调整。

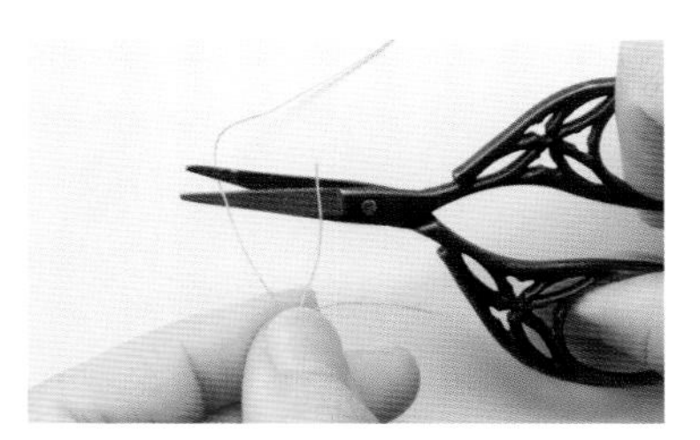

4 剪至适当长度。

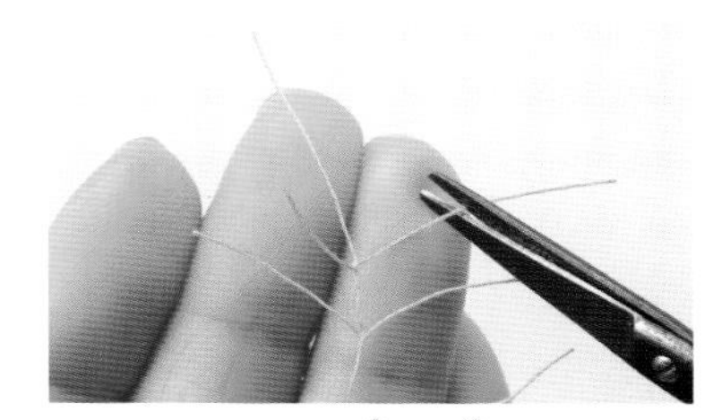

5 间隔4mm，按 2 ~ 4 的顺序再穿入2根线。适当修剪长度。

6 苞叶就制作完成了。

鼠尾草

作品图 ——— p.15

成品尺寸　全长约10cm

材料

蕾丝线（白色，80号）

纸包花艺铁丝（白色，35号）

制作方法

1. 加入花艺铁丝钩织8片叶子（大）和4片叶子（小），将编织终点的线留长一点（15cm左右）。
2. 按配色表上色。
3. 先将2片叶子（小）并在一起，将线缠在花艺铁丝上制作茎部，再与剩下的2片叶子（小）和8片叶子（大）组合在一起。
4. 给茎部上色，处理茎部的末端。→参照p.37
5. 喷上定型喷雾剂，调整形状。

配色表

叶子（大）	13号、14号　※随意上色
叶子（小）	14号
茎部	14号→15号　※渐变色

编织图解

叶子（大） 8片，叶子（小） 4片

加入花艺铁丝起针，叶子（大）起20针，叶子（小）起14针。在起针针目的半针里挑针钩织1行后，折弯花艺铁丝，在剩下的半针里挑针钩织另一侧。→参照p.32

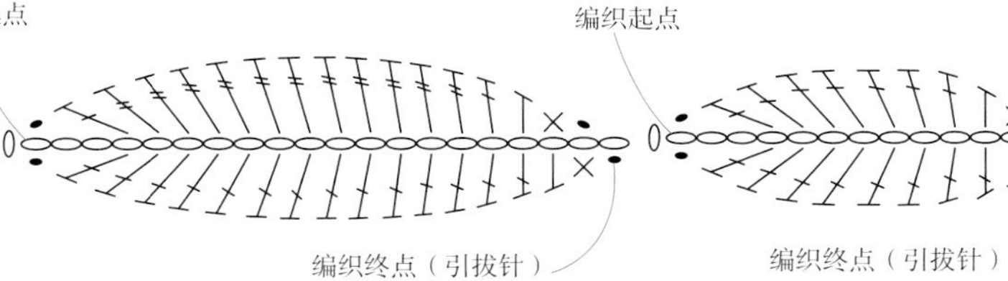

非洲菊

作品图 ——— p.12
成品尺寸全长为7.5~8.5cm

材料

蕾丝线（白色，80号）
纸包花艺铁丝（白色，35号）

制作方法

1. 钩织花朵，做好线头处理。
2. 钩织花萼，将编织终点的线留长一点（40~45cm）。
3. 按配色表上色。
4. 将花艺铁丝剪至20cm长，对折后插入花朵的中心。
5. 将花萼的反面朝上，在中心位置插入花艺铁丝。
6. 将花萼的线缠在花艺铁丝上制作花茎。
7. 给花茎上色，处理花茎的末端。→参照p.37
8. 喷上定型喷雾剂，调整形状，使重叠的花瓣相互错开。

配色表

花朵	A：17号　B：2号
花朵的中心	14号
花茎、花萼	14号

编织图解

花朵（第1~5圈）1片

第5圈的编织终点（引拔针）+2针锁针⇒开始钩织第6圈

编织起点

花朵（第6圈）

钩完12片花瓣后再钩2针锁针⇒开始钩织第7圈

省略第5圈

环形起针，钩入4针短针后收紧线环。第2~4圈一边加针一边钩织，注意第3~4圈在后面半针里挑针钩织。第5圈钩6针锁针和立织的1针锁针后钩织花瓣，在后面半针里挑针一共钩织18片花瓣。第6圈钩2针锁针后，在第4圈的前面半针里挑针，钩织12片花瓣，最后钩2针锁针。

花朵（第7圈）

钩完12片花瓣后再钩2针锁针⇒开始钩织第8圈

省略第4~6圈

花朵（第8圈）

编织终点（引拔针）

省略第3~7圈

第7圈在第3圈的前面半针里挑针，钩1圈引拔针和锁针。接着钩2针锁针，在第2圈的前面半针里挑针钩织第8圈。

花萼 1片

编织起点

编织终点（引拔针）

环形起针，钩入4针短针后收紧线环。第2圈一边加针一边钩织。第3圈立织3针锁针，钩织8个萼片。

康乃馨

作品图 ——— p.12
成品尺寸　全长约8cm

材料

蕾丝线（白色，80号）
纸包花艺铁丝（白色，35号）

制作方法

1. 钩织花朵，做好线头处理。
2. 组合花朵，在根部涂上黏合剂，从左侧一圈一圈地卷成花形。→参照p.39
3. 钩织花萼和叶子，将花萼编织终点的线留长一点（40~45cm）。
4. 按配色表上色。
5. 在花朵的根部穿入花艺铁丝后对折。将花萼的反面朝上，在中心位置插入花艺铁丝。
6. 一边用花萼的线缠在花艺铁丝上制作花茎，一边在叶子的中心穿入花艺铁丝（→参照p.73），全部组合在一起。
7. 给花茎上色，处理花茎的末端。→参照p.37
8. 喷上定型喷雾剂，调整形状。

配色表

花朵	A：14号，B：17号，C：3号、4号　※随意上色
叶子、花茎	13号、14号

编织图解

花朵　1片

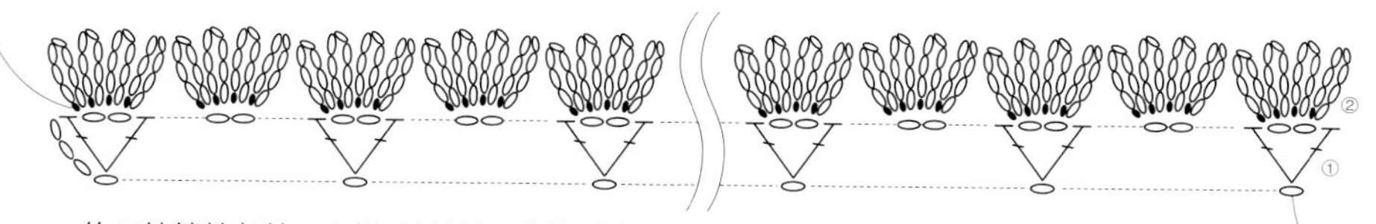

钩12针锁针起针。立织3针锁针，在第1个针目里钩入1针长针、2针锁针和1针长针，接着钩2针锁针。按此要领钩织1行。第2行钩7针锁针，然后在前一行锁针的下方空隙里插入钩针，整段挑针钩引拔针（即不要分隔针目，将锁针包在里面钩织）。按相同要领整段挑起前一行的锁针再钩入3条锁针作为花瓣。一共钩织23片花瓣。

叶子　3片

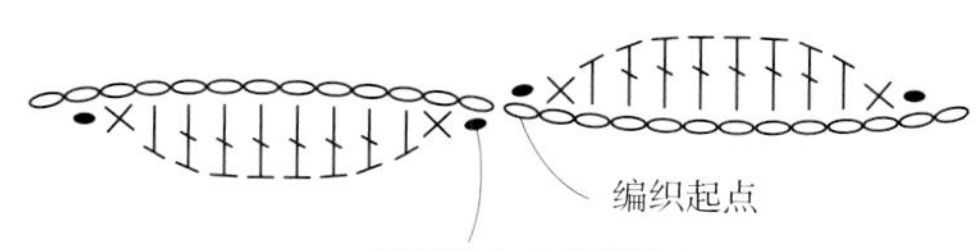

先钩13针锁针，钩织叶子的一半针目。接着钩13针锁针，往回钩织剩下的一半针目。→参照p.34

花萼　1片

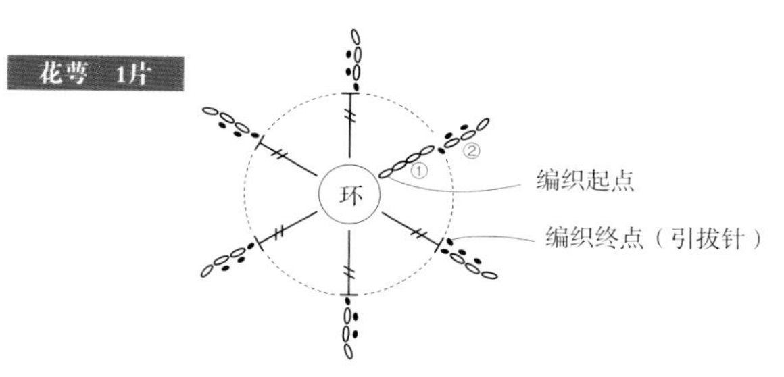

环形起针，立织4针锁针，接着钩入5针长长针后收紧线环。第2圈立织3针锁针，然后往回在锁针里钩引拔针，再在下个针目的头部钩引拔针。重复此操作，一共钩织6个萼片。

雏菊

作品图 ——— p.12

成品尺寸　全长约7.5cm

材料

蕾丝线（白色，80号）

纸包花艺铁丝（白色，35号）

制作方法

1. 钩织花朵，将编织终点的线留长一点（40~45cm）。将线头穿入手缝针，然后穿至花朵的反面。
2. 钩织花芯。
3. 按配色表上色。
4. 将花艺铁丝剪至20cm长，对折后插入花朵的中心。
5. 将花芯的反面朝上，涂上黏合剂后粘贴在4花朵的正面中心位置。→参照p.49
6. 在花朵下端的根部涂上黏合剂，用线缠得鼓鼓的制作花萼。→参照下图。
7. 将剩下的线缠在花艺铁丝上制作花茎。
8. 给花茎上色，处理花茎的末端。→参照p.37
9. 喷上定型喷雾剂，调整形状，使重叠的花瓣相互错开。

配色表

花朵	A：10号，B：无须上色
花芯	1号
花萼、花茎	14号

编织图解

花朵（第1~3圈）1片

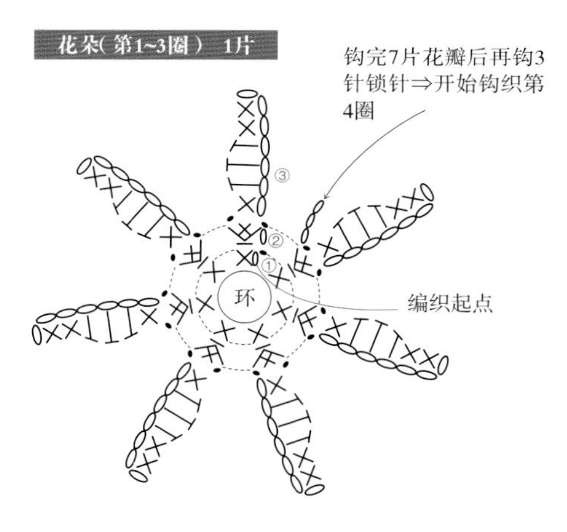

环形起针，钩入7针短针后收紧线环。第2圈在后面半针里挑针，一边加针一边钩织。第3圈立织6针锁针，钩织7片花瓣。钩完7片花瓣后，再钩3针锁针。

花朵（第4圈）

在第1圈剩下的半针里挑针钩织7片花瓣。

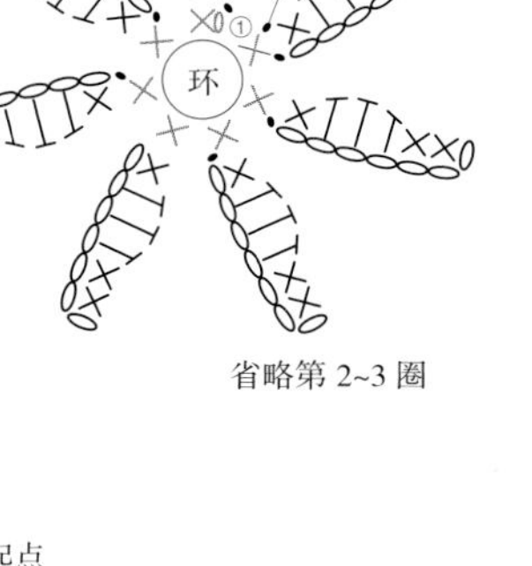

花芯　1片

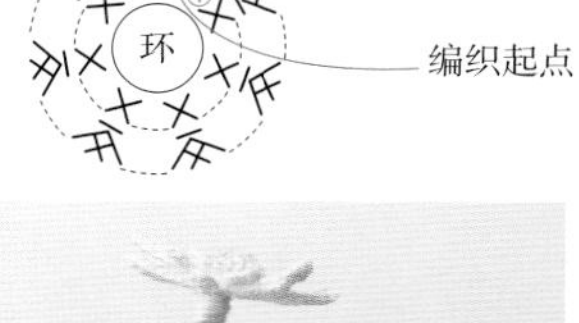

花萼的制作方法

在花艺铁丝上涂上黏合剂，来回反复缠线，缠至鼓鼓的状态。

牵牛花

作品图 ——— p.13

成品尺寸　全长约8.5cm

材料

蕾丝线（白色，80号）

纸包花艺铁丝（白色，35号）

制作方法

1. 钩织花朵，做好线头处理。
2. 钩织花萼，将编织终点的线留长一点（20cm左右）。
3. 加入花艺铁丝钩织叶子，将编织终点的线留长一点（15cm左右）。
4. 按配色表上色。
5. 制作藤蔓。将花艺铁丝剪至5cm左右，一边涂上黏合剂一边缠线。将最后的2mm左右折弯处理。→参照p.37“花茎末端的处理1”
6. 将5中完成的铁丝绕在锥子头部，2mm的折弯处为顶端，制作出藤蔓的形状。
7. 将花艺铁丝对折后从上方插入花朵的中心。
8. 将花萼的反面朝上，在中心位置插入花艺铁丝。然后用黏合剂将花萼粘贴在花朵的反面。
9. 先将粉红色花朵的花茎与6的藤蔓缠在一起，再与其他颜色的花朵和叶子组合在一起。
10. 给藤蔓和花茎上色，喷上定型喷雾剂后调整花朵的形状，使其呈波浪状。

配色表

花朵	6号、8号、10号　※上色时纵向留出白色部分
叶子、花茎、藤蔓	13号、14号　※随意上色

编织图解

叶子　6片

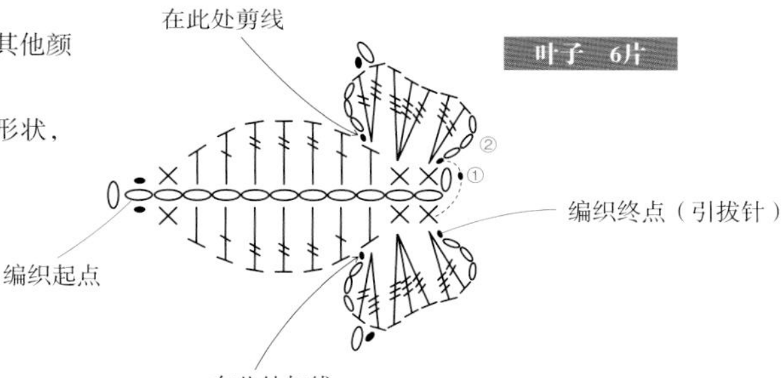

加入花艺铁丝起11针，在半针里挑针钩织1圈（→参照p.32）。接着在第1行立织的锁针以及下一个短针里钩引拔针，然后参照p.31立织3针锁针后钩织第2行的长长针、3卷长针和1针锁针的狗牙针（→p.25）。将线剪断，按相同要领钩织另一侧。

花朵　3片

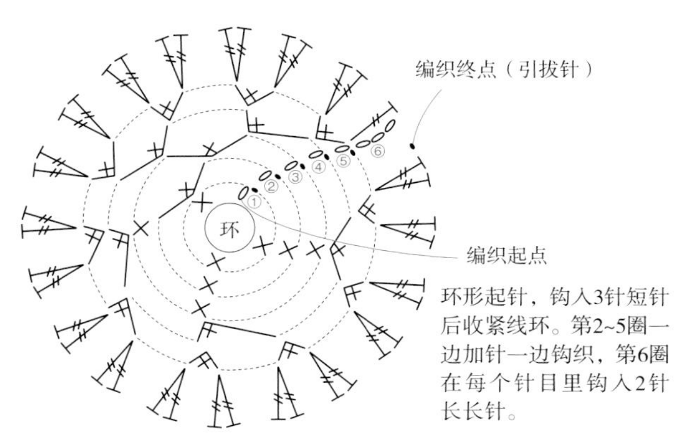

环形起针，钩入3针短针后收紧线环。第2~5圈一边加针一边钩织，第6圈在每个针目里钩入2针长长针。

花萼　3片

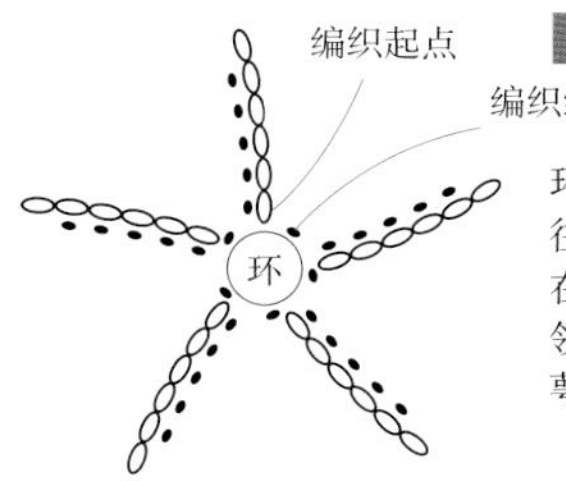

环形起针后立织6针锁针，往回在锁针里钩引拔针，再在线环里钩引拔针。按此要领再重复4次，一共钩织5个萼片。→参照p.33

法兰绒花

作品图 ——— p.14
成品尺寸　全长约12cm

材料

蕾丝线（白色，80号）
纸包花艺铁丝（白色，35号）

制作方法

1. 钩织花朵，将编织终点的线留长一点（40cm左右）。
2. 钩织花蕾，将编织终点的线留长一点（40cm左右）。
3. 钩织花芯和叶子，花芯做好线头处理。
4. 按配色表上色。
5. 将花芯粘贴在花朵上。再制作花蕾。→p.67
6. 一边制作花朵的茎部，一边与花蕾和叶子缠在一起。
7. 一边制作另一朵花的茎部，一边与花蕾、叶子以及 6 的分枝组合在一起。
8. 给花茎上色，处理花茎的末端。→参照p.37
9. 喷上定型喷雾剂，调整形状。

配色表

花朵的顶端、花芯	14号、13号
叶子、花茎	12号、13号　※随意上色

编织图解

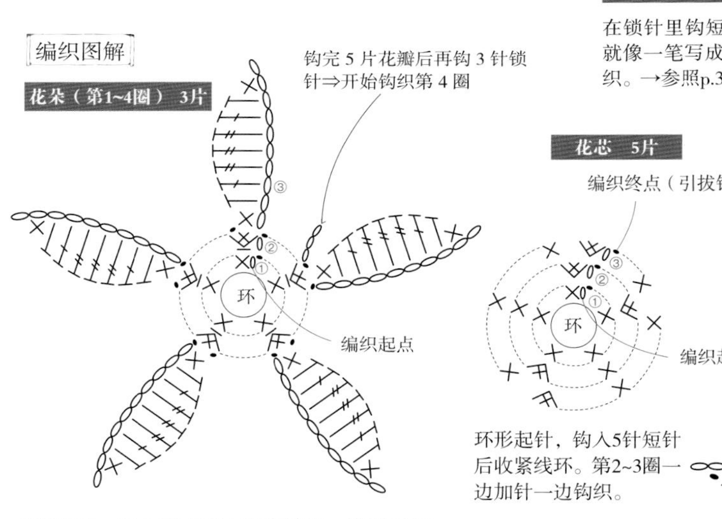

环形起针，钩入5针短针后收紧线环。第2圈在后面半针里挑针，一边加针一边钩织。第3圈立织10针锁针，钩织花瓣。一共钩完5片花瓣后立织3针锁针，继续钩织第4圈。在第1圈剩下的半针里挑针，与第3圈一样钩织5片花瓣（花瓣的编织图解与第3圈相同）。结束时在最后的针目里钩引拔针。

叶子 4片

在锁针里钩短针和引拔针，就像一笔写成的一样连续钩织。→参照p.34

编织终点（引拔针）　编织起点

花芯 5片

编织终点（引拔针）
环
编织起点

环形起针，钩入5针短针后收紧线环。第2~3圈一边加针一边钩织。

花蕾 2片

编织起点
编织终点（引拔针）
环

基础钩织方法与花朵相同。环形起针，立织8针锁针钩织5片花瓣，最后收紧线环。

花蕾的制作方法

※准备 / 将花艺铁丝剪至10cm长。

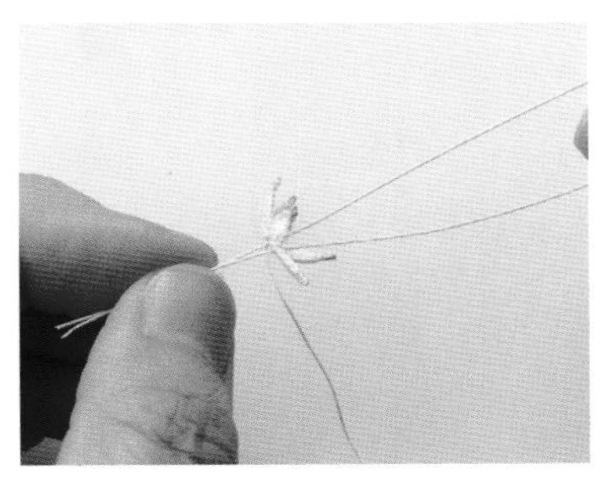

1 将花艺铁丝对折，从上方插入花蕾的中心。

2 将花芯的针目反面当作正面，调整成半圆形后涂上黏合剂，粘贴在花蕾的中心（→p.49）。在花蕾的花瓣根部也涂上一圈黏合剂。

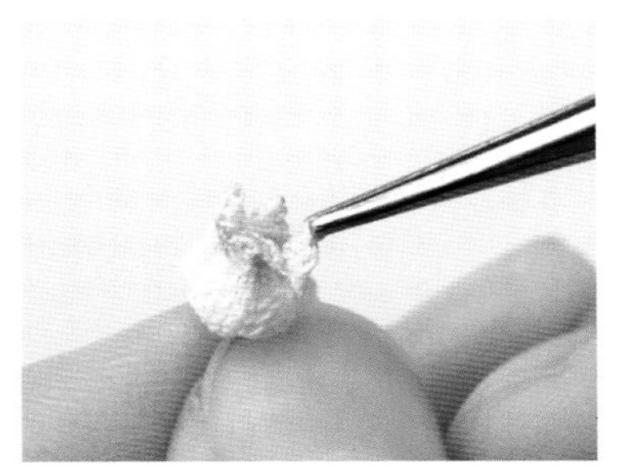

3 将花蕾的花瓣包住花芯粘贴固定，用镊子在花瓣顶端夹出弧度。

桔梗

作品图 ——— p.13

成品尺寸　全长约10cm

材料

蕾丝线（白色，80号）
纸包花艺铁丝（白色，35号）
人造仿真花蕊（蕊头直径1mm，黄色）…1.5根

制作方法

1. 钩织花朵，做好线头处理。
2. 钩织花萼，将编织终点的线留长一点（40cm左右）。
3. 加入花艺铁丝钩织叶子（大）（小），将编织终点的线留长一点（15cm左右）。
4. 按配色表上色。
5. 在花朵的中心插入对折后的花艺铁丝和对半剪开的花蕊，再与花萼组合在一起。→p.36
6. 一边将花萼的线缠在花艺铁丝上制作花茎，一边并入叶子（大）（小）缠在一起。→p.36
7. 给花茎上色，处理花茎的末端。→p.37
8. 喷上定型喷雾剂，调整形状。

配色表

花朵	7号、8号　※随意上色 （右端）8号　※色稍浅
叶子	12号、13号　※随意上色
花茎	14号→15号　※渐变色

编织图解

花朵　3片　编织图解和钩织方法→p.26

花萼　3片　编织图解和钩织方法→p.33

叶子（小）　3片　编织图解和钩织方法→p.32

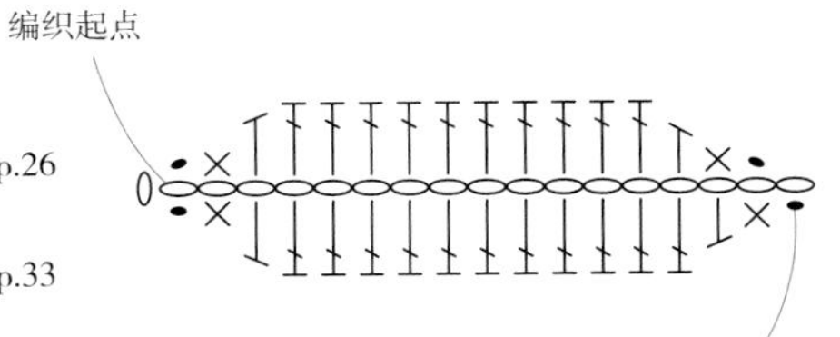

叶子（大）　3片

基础钩织方法与叶子（小）相同。
加入花艺铁丝起17针锁针，中途折弯花艺铁丝钩织一圈。

尤加利

作品图 ——— p.15

成品尺寸　全长约9.5cm

材料

蕾丝线（白色，80号）

纸包花艺铁丝（白色，35号）

制作方法

1. 加入花艺铁丝钩织4种大小不同的叶子，将编织终点的线留长一点（15cm左右）。
2. 按配色表上色。
3. 将2片叶子（小）并在一起，将线缠在花艺铁丝上制作茎部，然后依次并入2片叶子（中）、4片叶子（大）、2片叶子（特大）制作1个分枝。
4. 将剩下的2片叶子（小）并在一起，将线缠在花艺铁丝上制作茎部，然后依次并入2片叶子（中）、4片叶子（大）、6片叶子（特大）制作另一个分枝。再与3的分枝组合在一起。
5. 给茎部上色，处理茎部的末端。→参照p.37
6. 喷上定型喷雾剂，调整形状。

配色表

叶子（小）（中）的叶尖	14号
叶片	12号、13号　※随意上色
茎部	13号→12号　※渐变色

编织图解

叶子(特大) 8片，(大) 8片，(中) 4片，(小) 4片

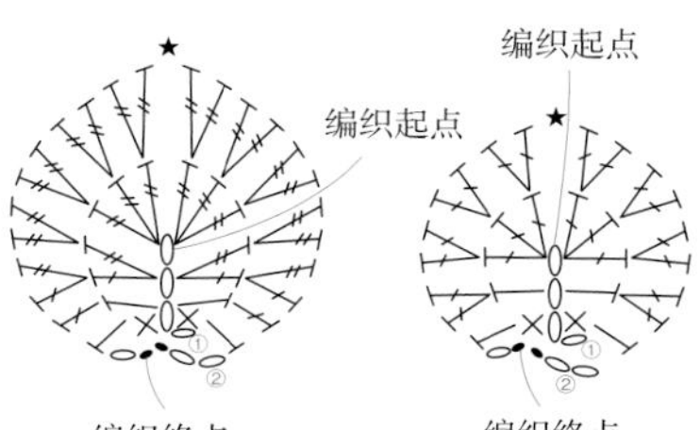

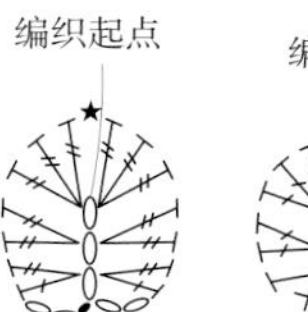

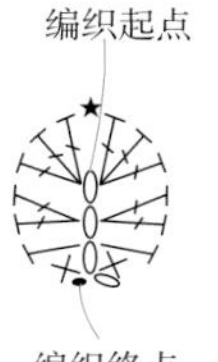

加入花艺铁丝起3针，叶子（特大）按长长针、叶子（大）按长针分别钩织2圈。叶子（中）按长长针、叶子（小）按长针分别钩织1圈（→参照p.32）。

★→p.28

薄荷

作品图 ——— p.15

成品尺寸　全长约8.5cm

材料

蕾丝线（白色，80号）

纸包花艺铁丝（白色，35号）

制作方法

1. 加入花艺铁丝钩织叶子（大）（中），钩织叶子（小）时无须加入花艺铁丝，将编织终点的线留长一点（15cm左右）。
2. 按配色表上色。
3. 在叶子（小）的中心位置穿入对折后的花艺铁丝（约10cm长）。
4. 用叶子（小）的线缠在花艺铁丝上制作茎部，按叶子（中）（大）的顺序每2片呈对角线组合在一起。
5. 给茎部上色，处理茎部的末端。→参照p.37
6. 喷上定型喷雾剂，调整形状。

配色表

叶子(小)(中)	14号
叶子（大）	13号、14号　※随意上色
茎部	14号→13号　※渐变色

编织图解

叶子（大） 9片（中） 2片

编织起点

编织终点（引拔针）

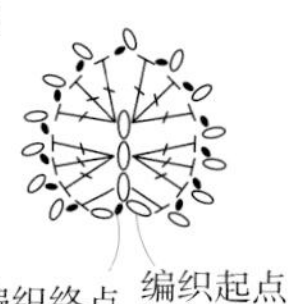

加入花艺铁丝起针，叶子（大）起16针，叶子（中）起3针。在起针针目的半针里挑针钩织1行，然后折弯花艺铁丝，在剩下的半针里挑针钩织另一侧。→参照p.32

叶子（小） 1片

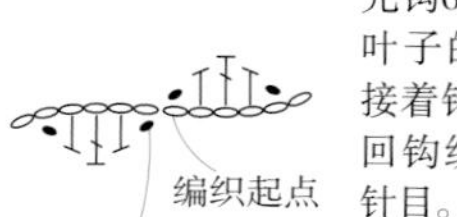

先钩6针锁针，钩织叶子的一半针目。接着钩6针锁针，往回钩织剩下的一半针目。

金丝桃

作品图 ——— p.16

成品尺寸　全长约9cm

材料

蕾丝线（白色，80号）

纸包花艺铁丝（白色，35号）

制作方法

1. 一边塞入零碎线头一边钩织7颗果实，分别做好线头处理。
2. 钩织7片花萼，将编织终点的线留长一点（15cm左右）。
3. 钩织4片叶子，将编织终点的线留长一点（30cm左右）。
4. 按配色表上色。
5. 在果实的下端穿入花艺铁丝后对折。将花萼的反面朝上，在中心位置插入花艺铁丝。→参照p.50
6. 将花萼粘贴在果实的下端。→参照p.50
7. 将花萼的线缠在花艺铁丝上，全部组合在一起。
8. 给枝茎上色，处理枝茎的末端。→参照p.37
9. 喷上定型喷雾剂，调整形状。

配色表

果实	17号、3号
叶子	13号、14号　※随意上色
枝茎	14号→15号　※渐变色

编织图解

果实　7颗

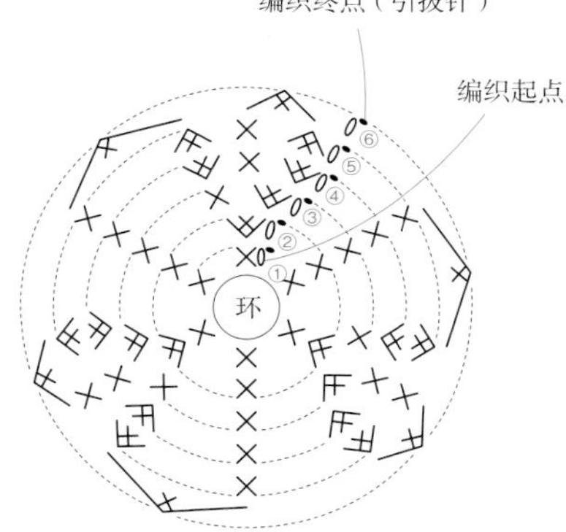

环形起针，钩入6针短针后收紧线环。接下来按与草莓相同要领钩织，一边加、减针一边塞入零碎线头。→参照p.35

叶子　4片

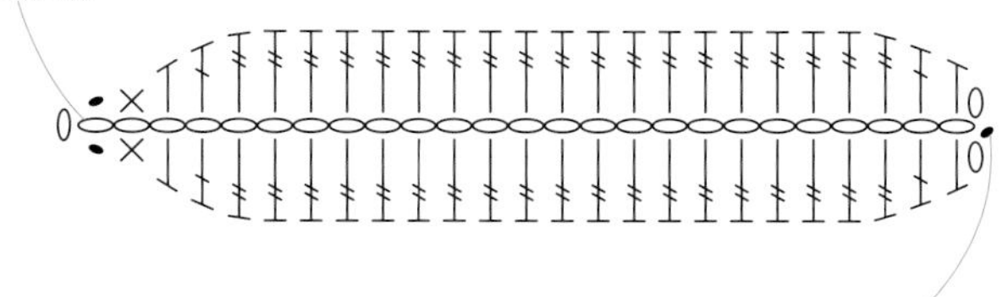

加入花艺铁丝起25针，在起针针目的半针里挑针钩织1行。然后折弯花艺铁丝，在剩下的半针里挑针，按相同要领钩织另一侧。→参照p.32

花萼　7片

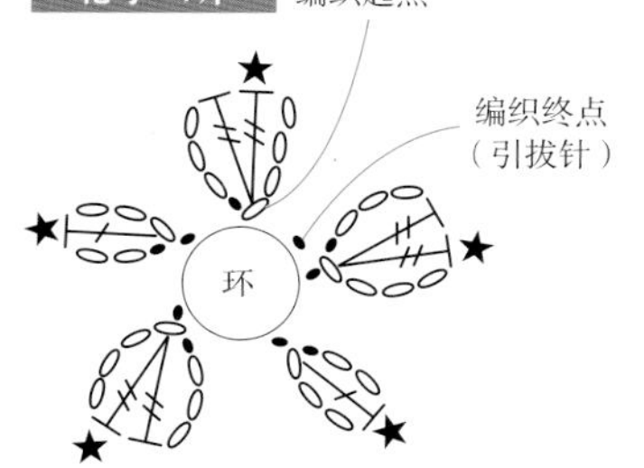

环形起针，立织4针锁针，在第1针锁针里一边钩★（→p.28）一边钩入2针长长针、3针锁针和引拔针。接着在线环里钩引拔针，立织3针锁针，在第1针锁针里一边钩★一边钩入1针长针、2针锁针和引拔针。重复以上操作，一共钩织5个萼片。

槲寄生

作品图 ——— p.16

成品尺寸　全长约11cm

材料

蕾丝线（白色，80号）

纸包花艺铁丝（白色，35号）

水晶珠（直径4mm）…9颗

制作方法

1. 钩织叶子，将编织终点的线留长一点（20~30cm）。
2. 按配色表上色。
3. 在水晶珠中穿线，制作3个单颗的果实和3个2颗连在一起的果实。→参照下图
4. 用叶子上的花艺铁丝制作嫩芽，2片叶子为一组制作10个分枝。→p.71
5. 全部组合在一起。→p.71
6. 给枝茎上色，制作枝茎的末端。→参照p.37
7. 喷上定型喷雾剂，调整形状。

配色表

叶子	13号、14号　※随意上色
枝茎	15号→16号　※渐变色

编织图解

叶子　20片

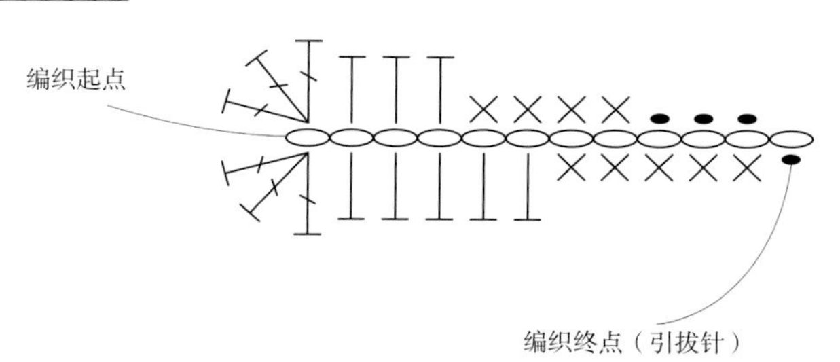

加入花艺铁丝起12针，在起针针目的半针里挑针钩织1行。然后折弯花艺铁丝，在剩下的半针里挑针钩织另一侧。→参照p.32

果实的制作方法

※准备 / 9根剪至10cm长的蕾丝线。

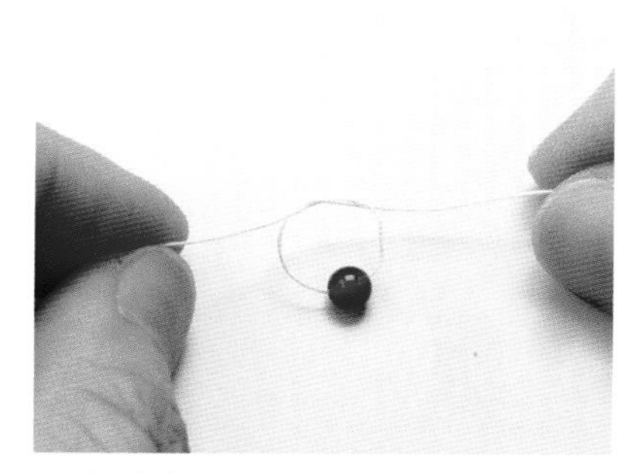

1. 在水晶珠中穿入蕾丝线。

2. 打上死结，使线旋转90°。

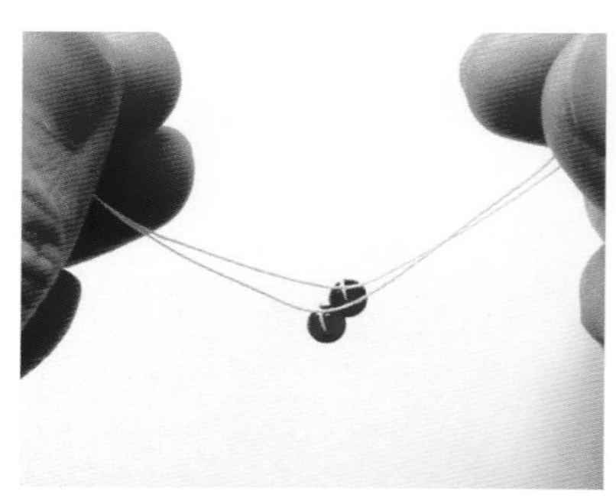

3. 制作2颗连在一起的果实时，如图所示用两只手分别捏住2颗水晶珠的线头。

4 用2根线一起打死结。

5 打死结后的状态。

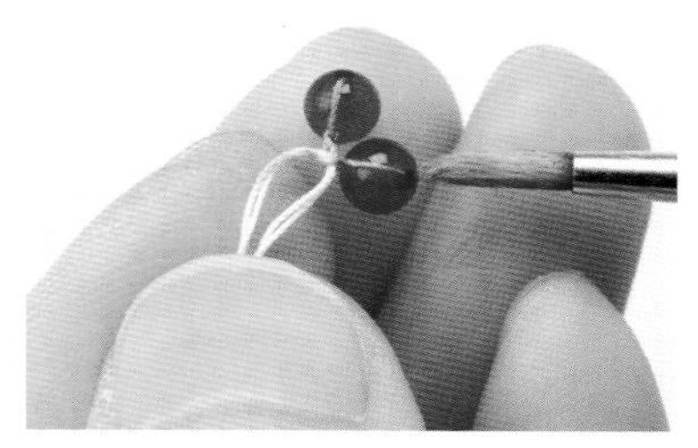

6 用深红色（18号）给绕在水晶珠上的线上色。

嫩芽的制作方法

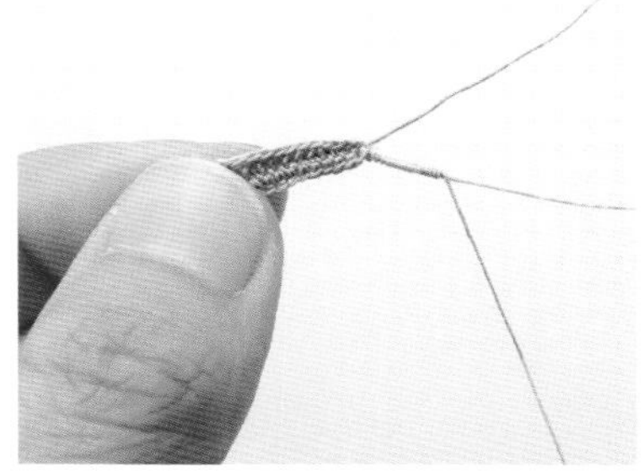

1 在叶子的其中1根花艺铁丝上涂上黏合剂，缠上7mm左右的线。

2 用镊子将缠线部分的铁丝对折。

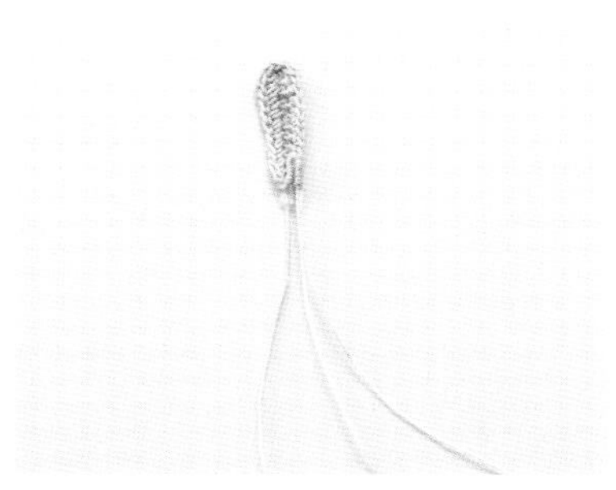

3 嫩芽制作完成。

分枝的组合要领

1 将制作了嫩芽的叶子和没有嫩芽的叶子对齐根部并在一起。

2 在根部涂上黏合剂，缠线制作小分枝。剩下的叶子也按相同要领处理，一共制作10个小分枝。

3 高低错落有致地将2个小分枝缠在一起。

4 在小分枝的并拢位置加入果实。

5 在小分枝和果实的根部涂上黏合剂。

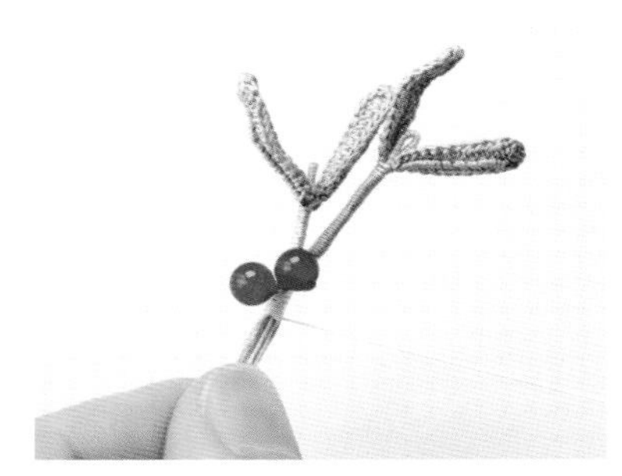

6 紧贴着果实的根部紧密地往下缠线。

花楸

作品图 ——— p.17

成品尺寸
花枝全长约9.5cm，果枝全长约8.5cm

材料

蕾丝线（白色，80号）
纸包花艺铁丝（白色，35号）
裸铁丝（直径0.2mm）
玻璃微珠…适量
木珠（直径4mm）…22颗
刺绣线（DMC 321、3801）…各适量

花枝的制作方法

1. 钩织花朵，将编织终点的线留长一点（15cm左右）。
2. 钩织叶子（大）（小），将叶子（小）编织终点的线留长一点（40cm左右）。
3. 按配色表给叶子上色。
4. 制作4个花蕾，组合成1个小分枝。→p.73
5. 在花朵的中心插入对折后的花艺铁丝，在花艺铁丝头部涂上黏合剂，粘贴染成黄色的玻璃微珠。→参照p.45
6. 用8朵花制作1个分枝。
7. 用1片叶子（小）和4片叶子（大）制作1个分枝。→p.73
8. 将 4 的花蕾小分枝与剩下的花朵以及 6 、7 中完成的分枝组合在一起。
9. 给枝茎上色，处理枝茎的末端。→p.37
10. 喷上定型喷雾剂，调整形状。

果枝的制作方法

1. 制作22颗果实。→p.74
2. 钩织叶子（大）（小），将叶子（小）编织终点的线留长一点（40cm左右）。
3. 按配色表给叶子上色。
4. 将果实分成13颗和9颗，制作2个分枝。
5. 分别用1片叶子（小）和4片叶子（大）制作2个分枝。→p.73
6. 将9颗果实的分枝和1个叶子分枝组合在一起。
7. 将13颗果实的分枝与剩下的叶子以及 6 的分枝组合在一起。
8. 给枝茎上色，处理枝茎的末端。→参照p.37
9. 喷上定型喷雾剂，调整形状。

配色表

叶子	13号、14号　※随意上色
枝茎	15号→16号　※渐变色

编织图解

花朵　19片

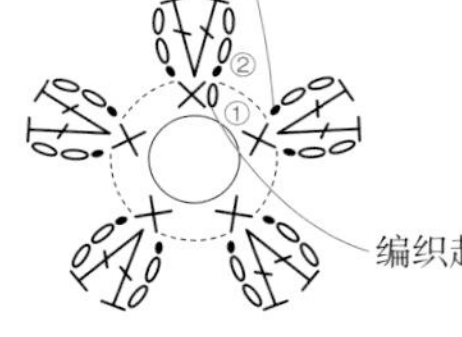

环形起针，钩入5针短针后收紧线环。第2圈按2针锁针、长针和锁针一共钩织5片花瓣。

叶子（小）　3片

编织起点
编织终点（引拔针）

加入花艺铁丝起14针，在起针针目的半针里挑针钩织1行。→参照p.32

叶子（大）　12片

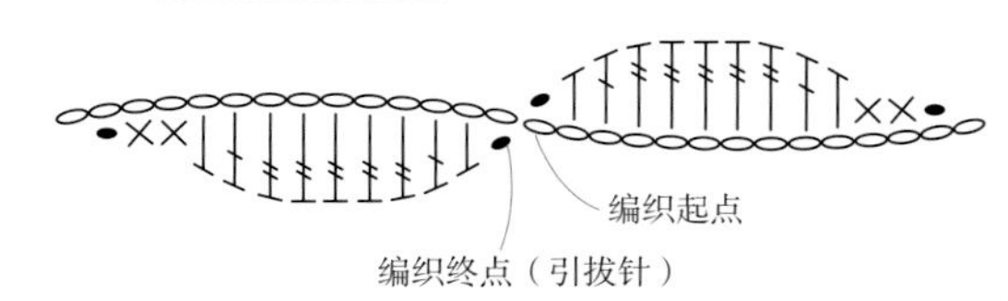

先钩14针锁针，钩织叶子的一半针目。再钩14针锁针，往回钩织剩下的一半针目。→参照p.34

花蕾的制作方法

※准备 / 将花艺铁丝剪至10cm长，再剪1根25cm长的蕾丝线。

1 在花艺铁丝的中心涂上少量黏合剂，缠上6圈线。

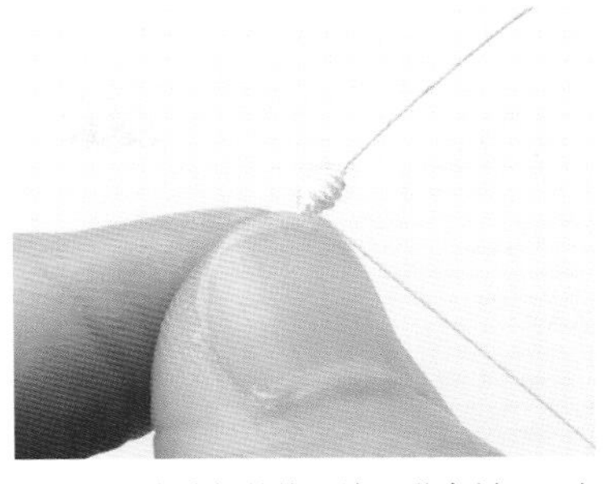

2 一边在缠好的线上涂上黏合剂，一边来回缠线，缠至鼓鼓的样子。

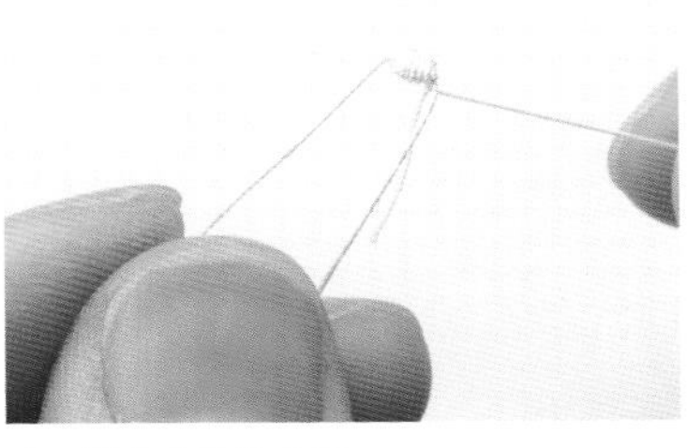

3 将花艺铁丝对折。

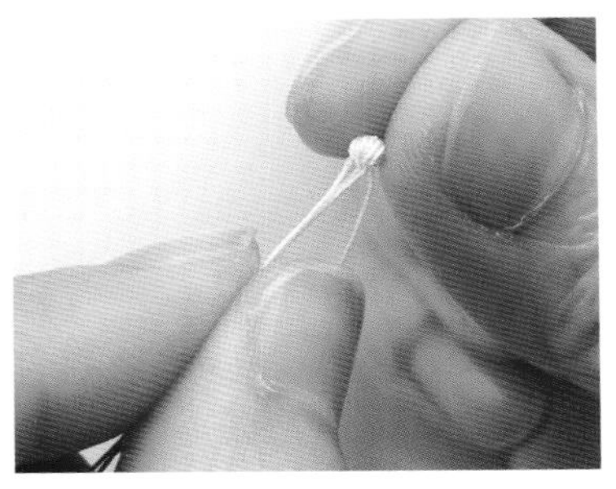

4 用手指将缠好的线调整成小球状。

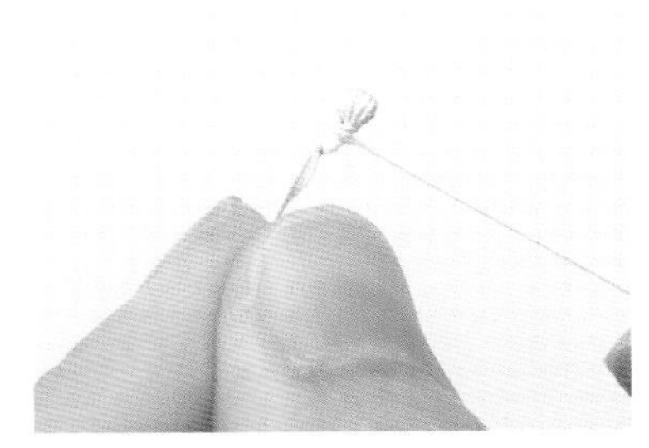

5 在球状缠线的根部涂上黏合剂，再继续缠线。

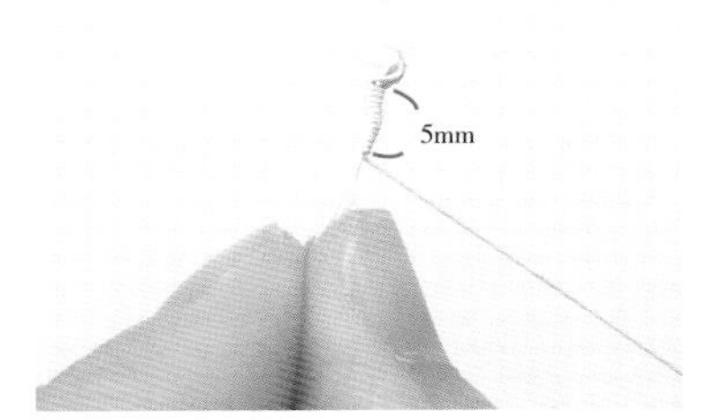

6 缠上5mm左右的线后，留出15cm长的线头剪断。

叶子的组合要领

1 将叶子（小）的花艺铁丝穿入叶子（大）的中心。

2 在叶子（小）的下端涂上黏合剂，在花艺铁丝上缠绕3mm左右的线。

3 将叶子（小）用力插入2片叶子（大）中间，再在2片叶子的根部涂上黏合剂。

4 缠上5mm左右的线。

5 除了正在缠的线，剪掉其他多余的线。

6 按相同要领再插入2片叶子（大）中间，一边缠线一边制作枝茎。

果实的制作方法

※准备 / 分别剪11根55cm长的2种颜色的刺绣线，再剪22根10cm长的裸铁丝。

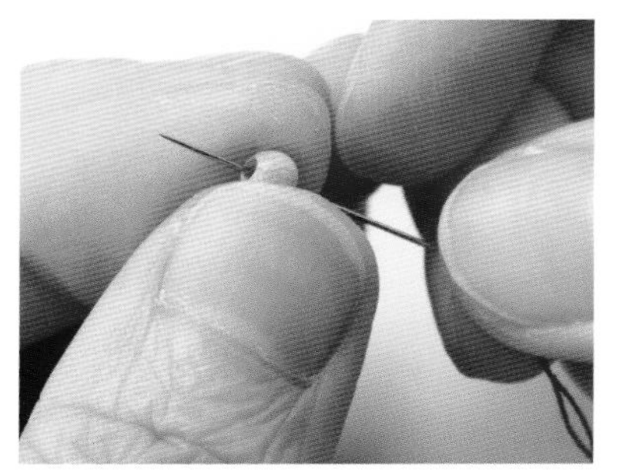

1 将刺绣线穿入手缝针，再将针插入木珠中心。

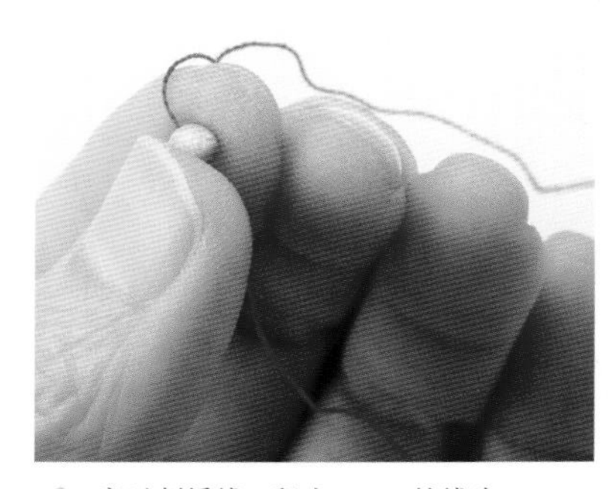

2 穿过刺绣线，留出6~7cm的线头。

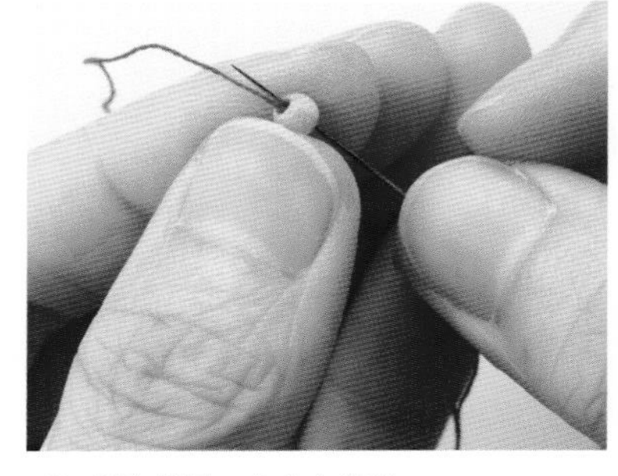

3 再次从同一个方向穿针。

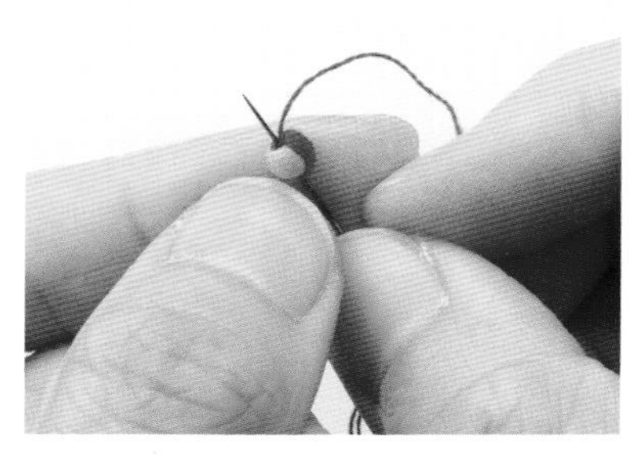

4 重复穿针，用线包裹木珠。

5 用线完全包住木珠后的状态。暂时不要拔出针。

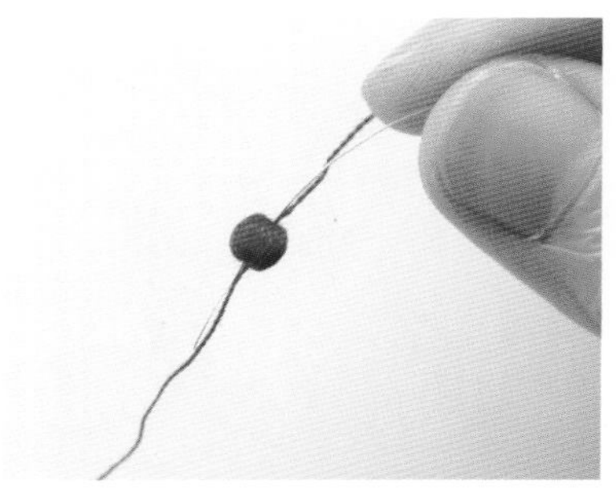

6 从上方插入花艺铁丝，将木珠移至花艺铁丝的中心。

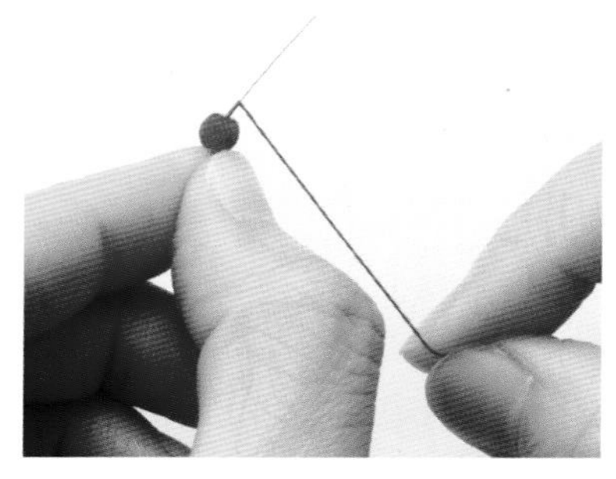

7 用包木珠剩下的线在花艺铁丝上缠4圈。

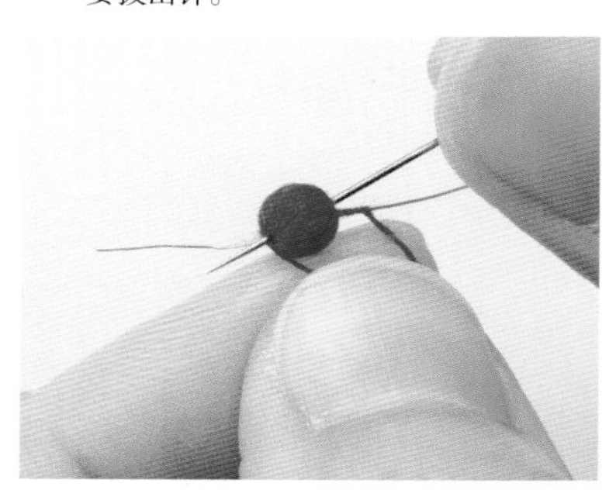

8 从木珠的上方插入手缝针，再从下方穿出，将刚才的缠线部分拉入木珠内。

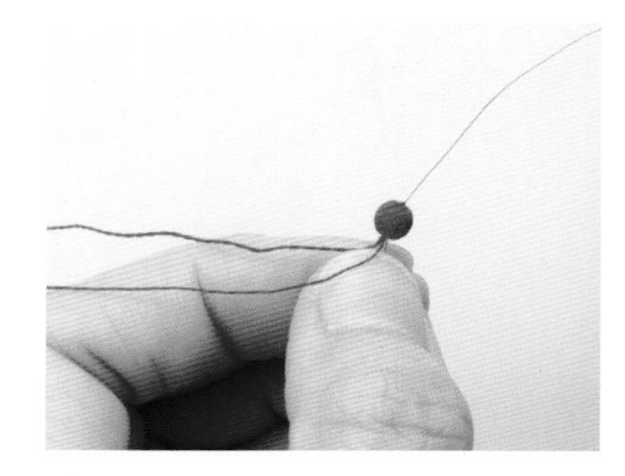

9 从下方穿出线后的状态。

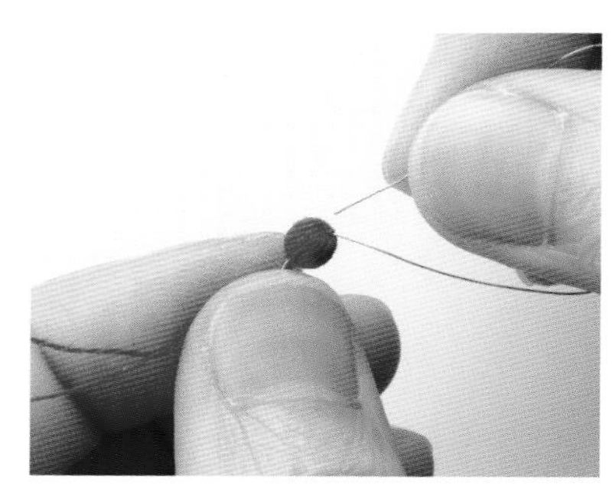

10 将上方花艺铁丝的一头从木珠的上方穿至下方。

11 1颗果实就制作完成了。用2种颜色的刺绣线分别制作11颗果实。

12 随意搭配2种颜色的果实，用红色线缠在花艺铁丝上，分别组合成13颗果实和9颗果实的分枝。

小苍兰一字胸针

作品图 ——— p.18

成品尺寸　全长约10cm

所需材料

花草作品（将喜欢的花朵、果实和叶子扎成一束，从花束根部开始缠上5mm左右的线，留出较长的线头备用）、染料（13号、14号）、一字胸针（长7cm）、双面胶、手缝针

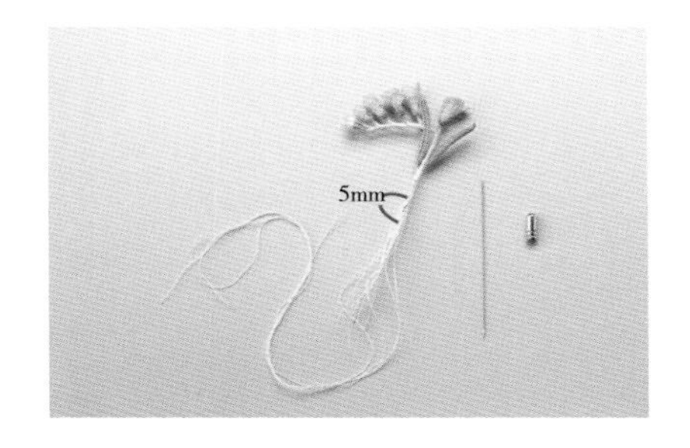

制作方法

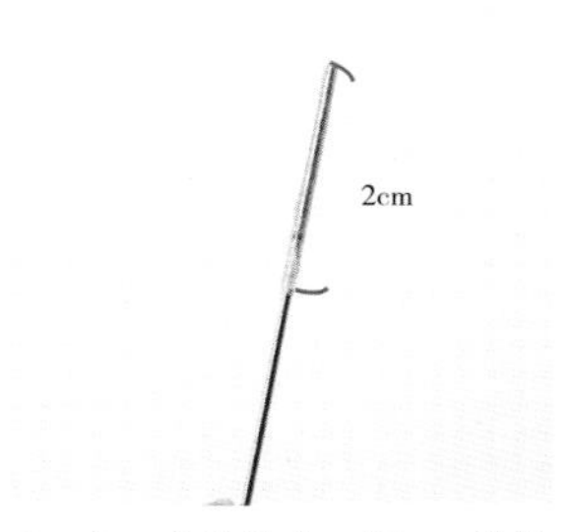

1 在一字胸针的一端2cm处粘上双面胶。

2 从花束的下方插入 1 的一字胸针。

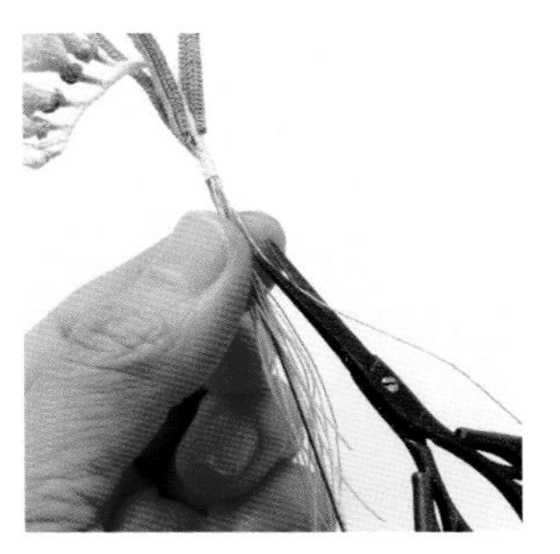

3 将花艺铁丝剪短至双面胶位置，稍做整理。

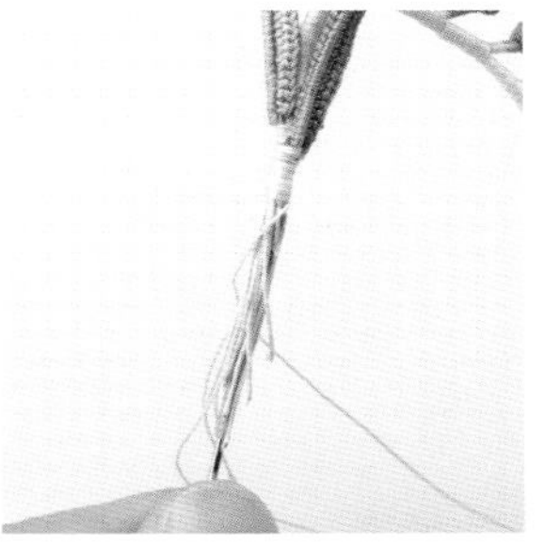

4 将花艺铁丝修剪后的状态，使粗细大体一致。

5 用花束留出的线头在粘贴了双面胶的部分缠线。

6 在缠好的线上涂上黏合剂，往上继续缠线至花束根部。

7 将线头穿入手缝针，在缠线处从不同方向穿2次针后剪断。

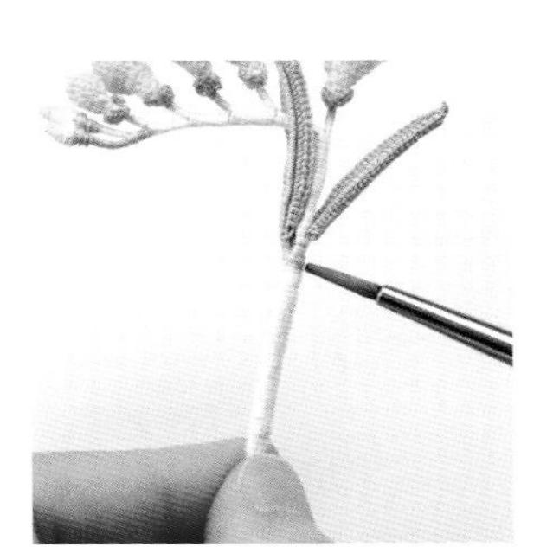

8 用染料给缠好的线上色。

芍药、郁金香、花楸组成的花束胸针

作品图 ——— p.19

成品尺寸　全长约9cm

所需材料

花草作品（喜欢的花朵、果实和叶子5~7枝）、蕾丝线、染料（13号、14号）、别针（长2.8cm）、双面胶、手缝针、麻绳

制作方法

1 将花朵和叶子整理成一束，在全长的1/2左右位置缠上双面胶固定。

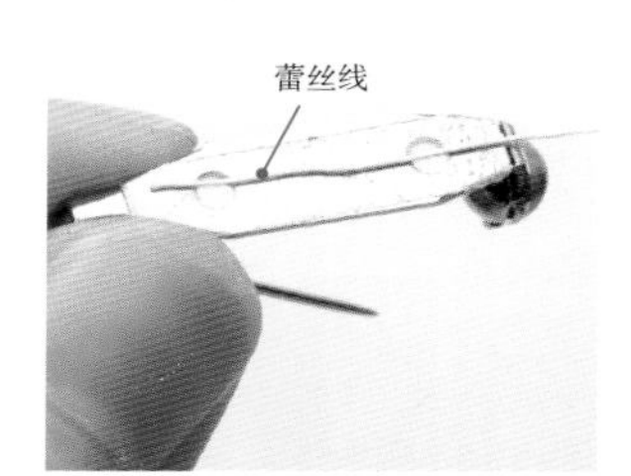

2 在别针的反面粘贴双面胶，再粘上蕾丝线，使线头朝向别针头。

3 从别针头的另一端开始缠线。

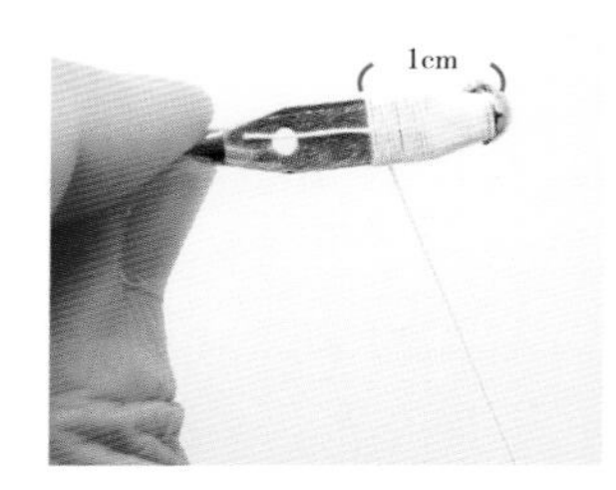

4 缠上1cm左右的线。

5 如图所示与1的花束并在一起。

6 继续用刚才的线缠在别针和花束上。

7 在粘贴了双面胶的部分缠好线后，将线头穿入手缝针，在缠线处穿2次针后剪断。

8 将缠线部分染成绿色，晾干后扎上麻绳。

蓝莓、草莓、薄荷组成的项链

作品图 ——— p.20

成品尺寸　全长约9cm（不含链子）

所需材料

花草作品（喜欢的花朵、果实和叶子15~16枝，全部留出线头备用）、26号花艺铁丝（15cm）、蕾丝线、染料（13号、14号）、链子（长约19cm×2根）、调节链、弹簧圆扣、小圆环（直径4mm×2个，直径3mm×4个）、手缝针、黏合剂

制作方法

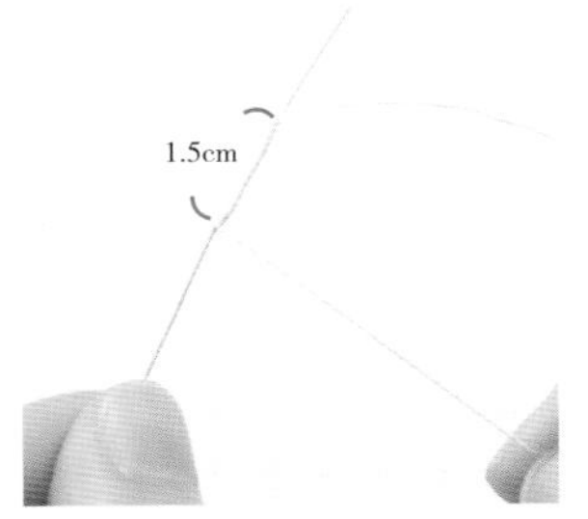

1 在距离花艺铁丝一端1.5cm处涂上黏合剂，缠上1.5cm左右的线。

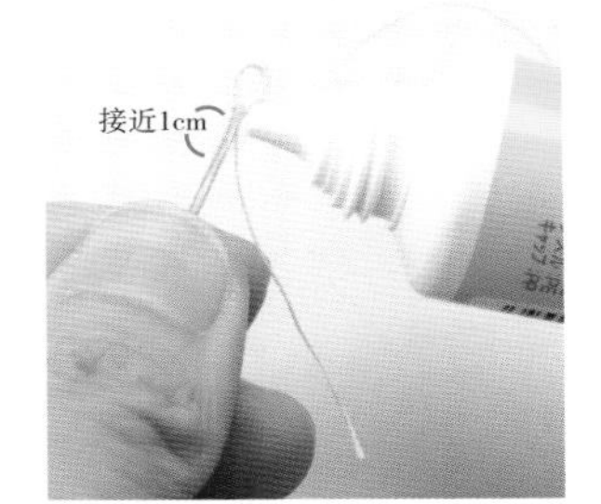

2 将刚才的缠线部分绕在锥子的头部对折后，在根部涂上黏合剂，接着在2根花艺铁丝上一起缠上约1cm的线。

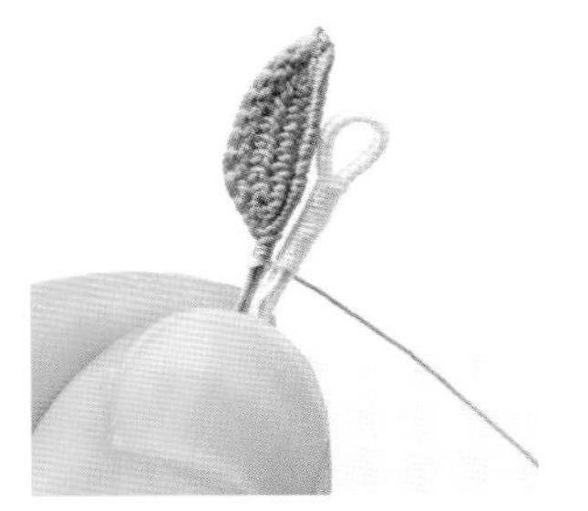

3 一边在花艺铁丝上涂上黏合剂，一边并入花朵和叶子等用线缠在一起。

4 从 2 的顶端往下8cm处加入所有准备好的花草作品。

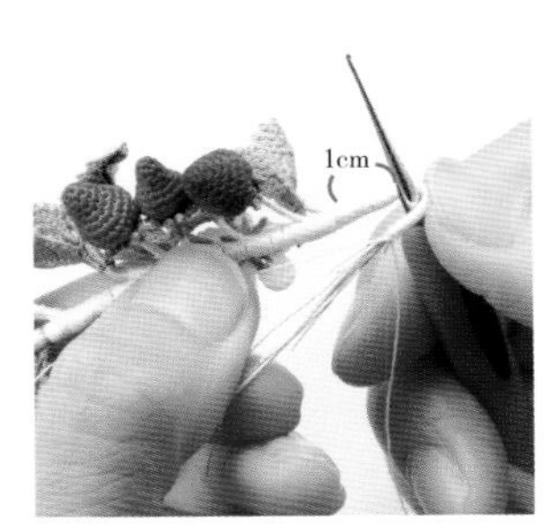

5 从最后的叶子往下再缠2cm的线，然后在1cm处折弯花艺铁丝。

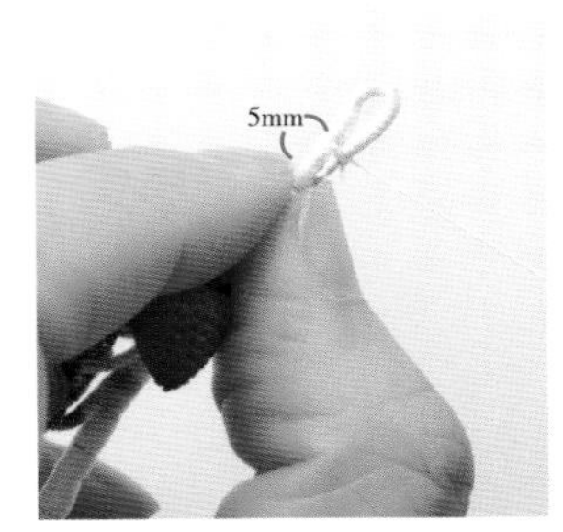

6 涂上黏合剂，缠上5mm左右的线固定刚才折弯的地方。然后将线头穿入手缝针，在缠线处穿2次针后剪断。

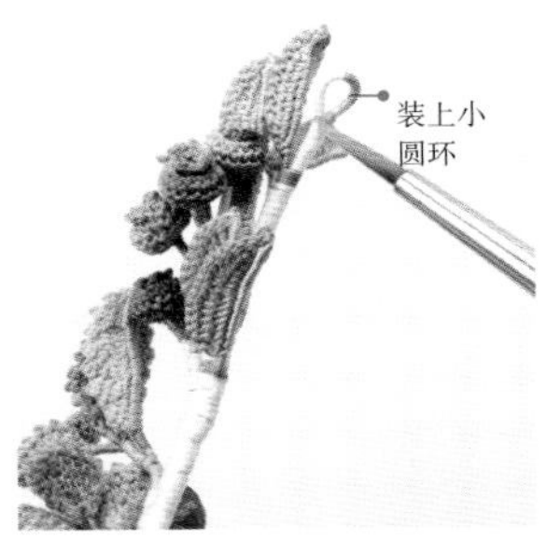

7 给缠线部分上色。在两端装上小圆环（直径4mm）。

8 在链子的两端装上小圆环（直径3mm）。其中一端与 7 的作品连接在一起，另一端分别用小圆环连接调节链和弹簧圆扣。

花环头饰

作品图 ——— p.21

成品尺寸　全长约58cm（不含丝带）

所需材料

花草作品（50~60枝。较小的花朵、叶子和果实先扎成小枝备用）、26号花艺铁丝（72cm）、蕾丝线、染料（13号、14号）、丝带（宽5mm×长118cm×2根）、锥子、黏合剂

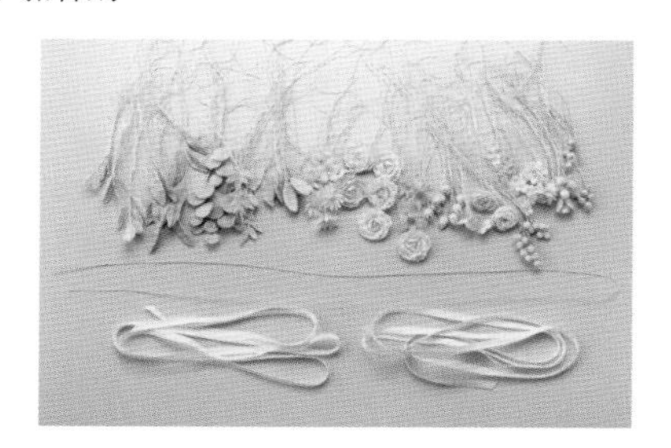

制作方法

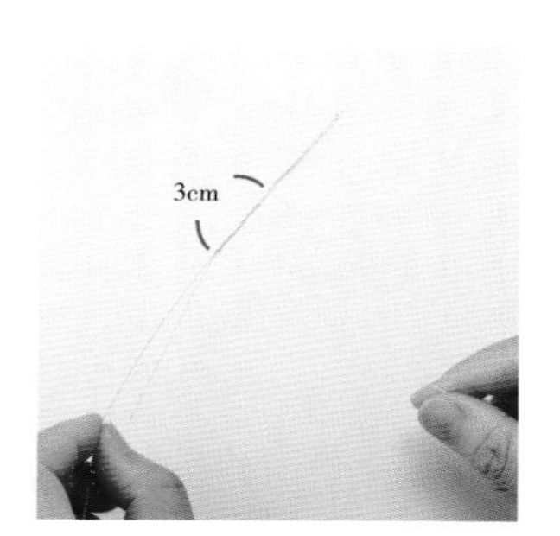

1 将2根剪至大约10cm长的花艺铁丝并在一起，在中心涂上黏合剂，用线缠3cm左右。

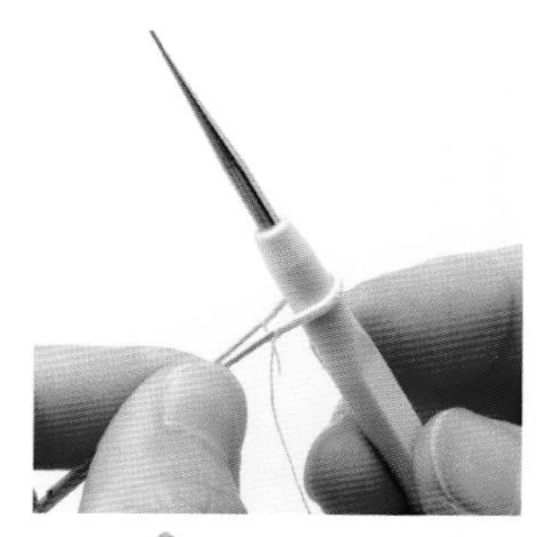

2 将 1 的缠线部分绕在锥子的手柄部位对折。

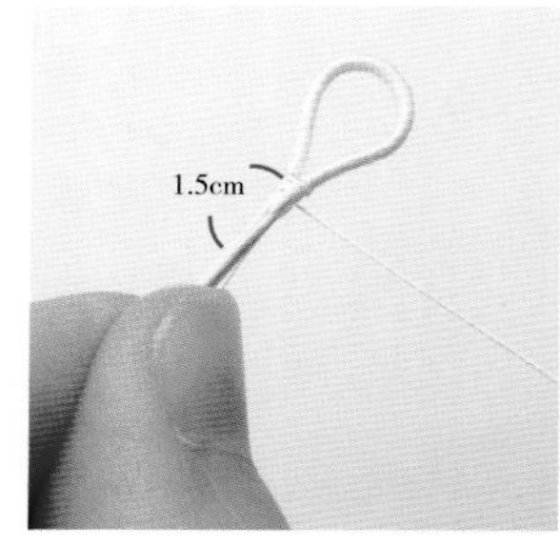

3 在4根花艺铁丝重叠处涂上黏合剂，缠上1.5cm左右的线。

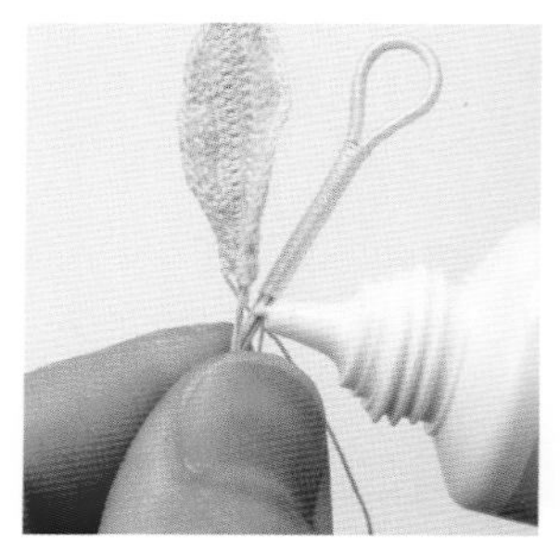

4 一边涂上黏合剂，一边并入叶子和花朵缠在一起。

5 预先将较小的果实和花朵扎成小枝，此时比较容易调整形状。

6 错落有致地依次加入准备好的花草作品。

7 加入最后一枝花草作品后再缠上3cm的线，按 2 的相同要领对折后缠线固定。穿入对折后的丝带。

8 将下方的丝带穿入对折处并拉出。另一侧也按相同方法系上丝带。

戒枕

作品图 ——— p.21

成品尺寸　约9cm × 5cm（不含容器）

所需材料

花草作品［除了鼠尾草的叶子（大）（小）各2片外，再准备40枝左右喜欢的花朵和叶子。全部做好并将线头处理好备用］、泡沫板（根据容器的大小调整。本作品中为9cm × 5cm的椭圆形）、蕾丝布和麻布（比泡沫板大1.5cm）、花艺铁丝、锥子、手缝针、手缝线

制作方法

1 将蕾丝布叠放在麻布上，在距边缘7mm处疏缝一圈。
※为了便于理解，此处使用了红色线。

2 将 1 的布片翻至反面，放入泡沫板后将缝线拉紧。

3 拉紧线后将褶皱调整均匀，将起点和终点的线头打上死结后剪短。

4 如果是加入花艺铁丝钩织的作品，将铁丝剪至2cm左右。如果是没有加入花艺铁丝的作品，在反面的中心穿入4cm长的花艺铁丝对折后备用。

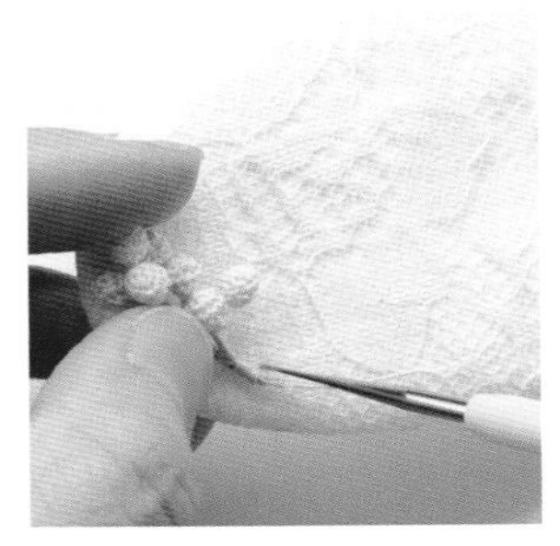

5 确定要插入花草作品的位置后，用锥子的尖头戳出小洞。

6 插入花草作品。

7 将鼠尾草的叶子一大一小缠在一起，插在合适的位置。

8 错落有致地插入所有花草作品后，戒枕就完成了。

Lunarheavenly
中里华奈

蕾丝钩编艺术家。母亲是和服裁缝，耳濡目染，中里华奈从小就很喜欢各种手工。2009年创立了Lunarheavenly品牌。目前主要在日本关东地区忙于举办个展、活动参展、委托销售等工作。著作有《中里华奈的迷人蕾丝花饰钩编》和《钩编+刺绣 中里华奈迷人的花漾动物胸针》（中文版均为河南科学技术出版社出版）。

摄影	安井真喜子
图书设计	濑户冬实
造型	铃木亚希子
插图、编织图解	长濑京子
协助编辑	株式会社童梦

图书在版编目（CIP）数据

中里华奈的迷人花草果实钩编/(日)中里华奈著；蒋幼幼译.—郑州：河南科学技术出版社，2019.10（2024.3重印）
ISBN 978-7-5349-9623-8

Ⅰ.①中… Ⅱ.①中… ②蒋… Ⅲ.①钩针-编织-图集 Ⅳ.①TS935.521-64

中国版本图书馆CIP数据核字（2019）第171653号

出版发行：河南科学技术出版社
地址：郑州市郑东新区祥盛街27号 邮编：450016
电话：（0371）65737028 65788613
网址：www.hnstp.cn
策划编辑：刘 欣
责任编辑：刘 欣
责任校对：王晓红
封面设计：张 伟
责任印制：张艳芳
印 刷：河南新达彩印有限公司
经 销：全国新华书店
开 本：889 mm × 1194 mm 1/16 印张：5 字数：100千字
版 次：2019年10月第1版 2024年3月第7次印刷
定 价：49.00元